入門
統計的因果推論

CAUSAL INFERENCE IN STATISTICS: A Primer

落海 浩
[訳]

Judea Pearl
Madelyn Glymour
Nicholas P. Jewell

朝倉書店

To my wife, Ruth, my greatest mentor.
— Judea Pearl

To my parents, who are the causes of me.
— Madelyn Glymour

To Debra and Britta, who inspire me every day.
— Nicholas P. Jewell

CAUSAL INFERENCE IN STATISTICS
A Primer

Judea Pearl
Madelyn Glymour
Nicholas P. Jewell

© 2016 John Wiley & Sons Ltd

All Rights Reserved. Authorised translation from the English language edition published by John Wiley & Sons Limited. Responsibility for the accuracy of the translation rests solely with Asakura Publishing Company, Ltd. and is not the responsibility of John Wiley & Sons Limited. No part of this book may be reproduced in any form without the written permission of the original copyright holder, John Wiley & Sons Limited.

訳者まえがき

　原著 *Causal Inference in Statistics: A Primer* (Judea Pearl, Madelyn Glymour, Nicholas P. Jewell) は第一著者が UCLA の大学院レベルの授業で使用している教科書であり，構造方程式モデルとグラフィカルモデル，介入効果，そして反事実の応用について初学者が興味を持ちやすい事例を使いながら，理論と応用について簡潔にまとめた入門書である．初級の確率論を学んだ読者が初めて統計的因果推論について学ぶのに適したテキストであると言える．

　疫学，経済学，工学などにおいて統計的因果推論は非常に重要な役割を果たしており，学生や研究者そして実務家にとってはそれぞれの専門分野の知識に加えて因果推論に関する理解が不可欠である．統計的因果推論に関してはすでに，宮川 2004，岩崎 2015，黒木 2017 などの良書がある．本書は学生が上記のような本に取り組む前の導入に適していると考えられる．あるいは Rubin の潜在反応モデルに基づく因果推論を主に使っている研究者が構造方程式モデルやグラフィカルモデルに基づいた理解や解釈をしたいという場合にも活用していただけるであろう．

　本書が多くの方に統計的因果推論について興味を持っていただき，そして因果推論全般について，あるいは読者の専門分野における因果分析についてさらなる理解に向けた努力のきっかけとなることを願う．

　最後になるが編集，校正において多くのご助言をいただいた朝倉書店編集部の方々に感謝を申し上げる．

　2019 年 7 月

落　海　　浩

まえがき

　統計学者がデータを分析するときには，常に因果の問いに答えようとしている．たとえば，"ある処置が病気を防ぐのにどのくらい効果的であるか？""肥満に関連する医療費を推定することはできるか？""政府の政策により 2008 年の経済危機を防ぐことができたであろうか？""採用データから雇用主が女性差別をしていると証明することができるか？"などの問いである．

　これらの問いに特有の性質は，従来の統計学の文法では答えることができないばかりか記述することさえもできないということである．実際，科学がこれらの問いを表記する数学的記述法と，データから答えを見つけられるようなツールを得たのはつい最近のことである．

　これらのツールが開発されたことにより，統計学および関連する分野において，特に社会科学と生物医学において因果の扱い方に革命が起きた．たとえば，2003 年サンフランシスコで催された Joint Statistical Meeting において，専門的プログラムで発表された論文のうちタイトルに "cause" や "causal" という用語が含まれるものは 13 本のみであった．これが 2014 年ボストンでの同学会では，100 本を越えるまでになった．これらの数字が示しているのは，統計学研究における方向性が変わったということ，そして，この変化により統計分析を用いて新たな問題や研究課題に取り組むことがさかんになったということである．ハーバード大学の政治学者 Gary King はこの革命的事実を歴史的にとらえて"因果推論に関してこの数十年に分かったことは有史においてそれ以前に分かったすべてのことの総計よりも多い．"と言った．

　しかし，統計学の教育者の間にこのような興奮はほとんど感じられない．また，統計学の教科書，特に初級レベルの教科書においてこのような点はまず触れられていない．この理由は，統計学教育の伝統と，統計学者の持つ統計的推論の役割についての考え方に深く根ざしている．

学会において多大な影響を与えたRonald Fisherの論文で彼は"統計的手法の目的はデータを要約，縮小することである."と言った（Fisher 1922）．この目的をふまえ，データを理解するという仕事，これはしばしば大雑把に"推論"と呼ばれるが，これは興味のある変数の集合についての同時分布を数学的に簡潔に記述する，つまり同時分布のパラメターを見つけることであると伝統的に考えられている．推論についてのこの一般的アプローチは，統計学の研究者やデータサイエンティストだけでなく，統計学の基礎課程を修めた人であれば誰でもおなじみのものである．実際多くの優れた入門書には手元にあるデータから効率的に最大量の情報を抽出する方法が書いてある．これらの本を読めば初心者は実験デザインからパラメター推定，そして仮説検定まで学ぶことができる．しかしこれらのテクニックの目的は常にデータを説明することであり，データ生成のプロセスを説明することではない．多くの統計学の本では索引に"causal"や"causation"などの用語さえ載っていない．

しかし多くの統計的推論の中心にある根本的な問題は因果である．ある変数に変化があると別の変数に変化が起きるだろうか．もしそうならば，どの程度の変化が起きるだろうか．これらの疑問を避けるように，統計的推論の入門レベルの議論においては，因果について興味がある際にあるパラメターを推定することがいったい妥当なのかどうかすら議論されない．

入門レベルの教科書ではほとんどがせいぜい以下のような扱いである：まず，有名な格言"相関関係は因果関係を意味しない．"を持ち出し，交絡や潜伏変数の存在により，実際には関係のない2つの変数の間に関係があるように誤って見えてしまうことなどを手短に説明する．さらに，これらの教科書のうちもっともまともなものでやっと"どうすればxとyの間に因果関係を認めることができるであろうか"という問いかけをし，長年繰り返されてきた"ゴールドスタンダード"であるランダム化実験という答えで応じるのである．このランダム化実験は今日までアメリカおよび諸国において新薬承認プロセスにおいての基本理念となっている．

しかし，ほとんどの因果問題ではランダム化実験が不可能なので，学生も先生も，純粋なランダム性が得られないならば少しでも確信をもって言えることがいったいあるのだろうかと思うのである．

要するに，入門レベルの教科書は，因果モデルと因果パラメターについての議論を避けているため，因果の科学的問題を統計的手法によりどのように解くことができるのか理解するための基礎を与えてくれないのである．

このギャップを埋め，自然科学および社会科学におけるほとんどすべての非実験研究において，統計学の基礎を学ぶ学生と先生たちが因果の問題に取り組むお手伝いをするのが本書の目的である．本書では，理解したい因果のパラメターをシンプルかつ自然な方法で定義し，観察研究においてこのようなパラメターを推定するにはどのような仮定が必要なのかを示す．また，これらの仮定は数学的に分かりやすく表現することが可能で，シンプルな数学的処理によって，この仮定からたとえば処置や政治的介入の効果など因果の量を推定し，検証可能な結果を得ることができることを示す．

本書の目的はとりあえずはここまでとする．つまり本書では，最適なパラメター推定法を用いてデータから統計推定値やそのばらつきの度合いを求めるというようなことは一切扱わない．しかし，これらについては，比較的高度なものも含め日々蓄積されている因果推論の文献で広く扱われている．著者は短い本書が前に触れたような標準的な統計学入門の教科書と合わせて使われ，そして統計モデルと推論が因果の完全理解と容易に両立することを示されるよう望んでいる．

著者は，単なる説明以上のことを達成したいならば，因果の問いについて注意深く考え，そしてその問いに答えるために最新の研究により開発されたシンプルかつパワフルなツールを使って統計的推論を行うことが必要であると強く信じている．また，著者の経験から，統計データ分析においてはそれが単純なものであれ複雑なものであれその因果を考えることによって，よりわくわくする，そしてより満足のいくアプローチにたどりつけるものである．これは特に新しい意見ではない．Vergilius は紀元前 29 年に簡潔にこう言っている：

"*Felix, qui potuit rerum cognoscere causas*"（Vergilius 29 BC）
（物事の原因を理解することができる人は幸せである．）

本書は 4 章からなっている．第 1 章は読者が本書を理解するのに必要な統計，

確率，グラフについての基本的概念を扱う．また因果モデルを含む重要な因果の考え方について学び，モデルを使えば，データのみでは表すことのできない情報を伝えることができることを例を用いながら説明する．

　第2章では，データが統計的従属性のパターンにより因果モデルをどのように表しているかを説明する．データがある因果モデルに従うかどうかを判断する方法を説明し，データセットをよく説明するようなモデルをどのようにして探すかについて手短に論じる．

　第3章は因果モデルを使って予測を行うことについて論じる．ここでは特に政策介入の結果を予測することに重点をおく．共変量についての調整や逆確率重み付け法を使って交絡バイアスを減少させる手法を扱う．第3章ではまた媒介分析も行い，この時点までに論じた因果の手法が線形システムでどのように機能するかを深く論じることとする．これらの手法で重要なポイントは，回帰係数と構造方程式の係数の根本的な違いであり，そして線形モデルにおいて因果効果を予測するにはその2つをどのように活用すべきかということである．

　第4章では反事実の概念——過去のある時点において異なる選択をしていたならば何が起きていたであろうか——を扱う．どのように計算し，確率を推定することができるか，また反事実を使うことによってどのような実務上の問題について答えることができるのかについて論じる．第4章では新しい記号が導入され，また仮定法をともなう問題に答えることになるので，以前の各章に比べて内容はいくらか高度になる．しかし，これ以前の各章と同じ科学的モデルを使用して反事実を読み取り，計算を行うことができるので，この分析は学生にとっても先生にとっても分かりやすいものになるはずである．反事実をあまり高度にならないレベルの数学を使って理解したいという読者にとっては第4章がよい導入となり，本書で扱うモデルによるアプローチから統計学で実験主義研究者が提唱する潜在反応フレームワークへ移行する際の橋渡しになるであろう．

謝　辞

　本書は過去20年にわたり第1著者がUCLAで教えてきた大学院での因果推論

の講義をもとにしている．本書にある多くのツールや事例は Cognitive Systems Laboratory のメンバーが過去に研究者としてあるいは TA として開発した題材である．Alex Balke, David Chickering, David Galles, Dan Geiger, Moises Goldszmidt, Jin Kim, George Rebane, Ilya Shpitser, Jin Tian, Thomas Verma に感謝する．

因果の問題，その解答，一般の読者に説明する方法などについて多くの同僚から学んだ．Clark and Maria Glymour は因果について，また文章について辛抱強く耳を傾けてもらい，またよいアドバイスをくれた．Felix Elwert と Tyler VanderWeele には初期の原稿について洞察に富んだコメントをいただいた．UCLA 因果ブログ（causality.cs.ucla.edu/blog）の多くの訪問者や参加者の方には活発な議論をしていただいた．ときに議論が白熱することもあり，決してたいくつすることはなかった．

Elias Bareinboim, Bryant Chen, Andrew Forney, Ang Li, Karthika Mohan には内容の正確さと分かりやすさについてチェックしていただいた．Ang と Andrew は練習問題の解答を作成してくれた．教員の方はこれら解答を出版社から手に入れることができる．http://bayes.cs.ucla.edu/PRIMER/CIS-Manual-PUBLIC.pdf を参照されたい．

UCLA の Kaoru Mulvihill には原稿のタイプ，整形，図，校正を担当してもらった．Wiley の Debbie Jupe と Heather Kay にはこの分野において本書のような範囲を扱う書籍が必要であると著者を説得し，執筆の課程でさまざまな激励をいただいた．

最後に本書にある研究成果を得られたのは National Science Foundation と Office of Naval Research による誠実で一貫した助成のおかげである．特に Behzad Kamgar-Parsi には感謝する．

目　次

1. 序論：統計モデルと因果モデル … 1
　1.1　なぜ因果を学ぶのか … 1
　1.2　Simpson のパラドックス … 2
　1.3　確率と統計 … 9
　　1.3.1　変　　数 … 10
　　1.3.2　事　　象 … 10
　　1.3.3　条件付き確率 … 11
　　1.3.4　独　立　性 … 12
　　1.3.5　確　率　分　布 … 14
　　1.3.6　全確率の公式 … 15
　　1.3.7　Bayes の定理を使う … 18
　　1.3.8　期　待　値 … 23
　　1.3.9　分散と共分散 … 24
　　1.3.10　回　　帰 … 27
　　1.3.11　重　回　帰 … 31
　1.4　グ ラ フ … 33
　1.5　構造的因果モデル … 36
　　1.5.1　因果の仮定をモデルする … 36
　　1.5.2　因 数 分 解 … 39

2. グラフィカルモデルとその応用 … 45
　2.1　モデルとデータの関係 … 45

2.2	連鎖経路と分岐経路	45
2.3	合流点	53
2.4	d分離性	59
2.5	モデル検定と因果探索	64

3. 介入効果 ······ 69
3.1 介 入 ······ 69
3.2 調 整 ······ 72
3.2.1 調整すべきか否か ······ 77
3.2.2 複数の介入とトランケート乗法公式 ······ 79
3.3 バックドア基準 ······ 80
3.4 フロントドア基準 ······ 87
3.5 条件付き介入と特定共変量効果 ······ 93
3.6 逆確率重み付け法 ······ 96
3.7 媒 介 ······ 101
3.8 線形システムにおける因果推論 ······ 105
3.8.1 構造方程式の係数 vs 回帰式の係数 ······ 109
3.8.2 構造方程式の係数の因果的解釈 ······ 110
3.8.3 構造方程式の係数と因果効果の識別 ······ 112
3.8.4 線形システムにおける媒介 ······ 118

4. 反事実とその応用 ······ 121
4.1 反 事 実 ······ 121
4.2 反事実の定義と計算 ······ 125
4.2.1 反事実の構造的解釈 ······ 125
4.2.2 反事実の基本法則 ······ 128
4.2.3 母集団データから個体の振る舞いへ ······ 129
4.2.4 反事実を計算する3つのステップ ······ 131
4.3 確率論的反事実 ······ 134
4.3.1 反事実の確率 ······ 134

  4.3.2 反事実の因果グラフ ································· 139
  4.3.3 実験における反事実 ··································· 142
  4.3.4 線形モデルにおける反事実 ··························· 145
 4.4 反事実の実践的応用 ·· 147
  4.4.1 参加者募集 ··· 147
  4.4.2 加法的介入 ··· 150
  4.4.3 個人の意思決定 ······································· 153
  4.4.4 採用における差別 ··································· 157
  4.4.5 媒介とパス切断介入 ································· 158
 4.5 介入と寄与の分析に関する数学的ツール ··············· 160
  4.5.1 原因の確率と寄与に関するツール ················ 161
  4.5.2 媒介についてのツール ····························· 166

文　献 ··· 175

索　引 ··· 181

著者紹介 ·· 184

原書については，以下の web サイトもご覧ください．
www.wiley.com/go/Pearl/Causality

1 序論：統計モデルと因果モデル
Preliminaries: Statistical and Causal Models

1.1 なぜ因果を学ぶのか

「なぜ因果を学ぶのか」という問いに対する答えは，「なぜ統計学を学ぶのか」という問いに対する答えと同じである．私たちは，データを理解するために，行動や政策を導くために，そして過去の成功や失敗から学ぶために因果について学ぶ．私たちは喫煙が肺がんに，教育が収入に，また炭素放出が気候にどのような影響を与えるかを推定する必要がある．欲を言えば，原因がなぜそしてどのようにして結果を導くのかを理解する必要があり，これを理解することは因果関係そのものと同じくらい重要である．たとえば，マラリア（malaria）が蚊によって伝染するのか，あるいは昔多くの人が信じていたように"悪い空気（mal-air）"によるものかを知ることができれば，今度沼地に行くときに蚊帳を持っていった方がいいのかそれとも呼吸マスクを持っていった方がいいのか分かる．

上記と比べて明らかでないのは「なぜ従来の統計学のカリキュラムとは別に因果を学ぶのか」という問いに対する答えだ．長い間使われてきた統計学の方法では分からないことのうちどれほどを因果のコンセプトが教えてくれるのであろうか．

実はたくさんある．因果についてきちんと学べば，因果とは統計学のただ1つの側面などではないことが分かる．因果の概念により統計学を拡張，発展し，以前の方法だけでは分からなかった世界の仕組みを理解することができるのである．たとえば，多くの読者は驚くかもしれないが，上記の問題は従来の統計

学の言葉では記述することができない．

統計学において因果が特別な役割を果たすことを理解するため，統計学の文献においてもっとも興味深い問題の一つを以下で検討してみる．この問題は，上に挙げたような原因–結果の関係を扱うのに，なぜ従来の統計学を新しい概念で拡張しなければならないのかをみごとに説明してくれる．

1.2 Simpson のパラドックス

Edward Simpson（1922 年生まれ）の指摘により有名になったこのパラドックスは，全体集合で確認されるある統計的関係が，どの部分集合でも逆になるというものである．たとえば，喫煙する学生が喫煙しない学生よりも平均的に成績がよいことが分かったとする．しかし学生の年齢を考慮すると，それぞれの年齢層で喫煙者が非喫煙者よりも成績が悪くなるのである．さらに，年齢と収入を考慮した場合，再び喫煙者が非喫煙者よりも成績がよくなるのである．このように新たな特性を考慮する度にまったく逆の結果となってしまうという現象が際限なく繰り返されることもあり得る．このような状況において，喫煙が成績に影響を与えるのか，与えるとすれば成績を上げるのか下げるのか，そしてどの程度の影響なのかについて知りたいところであるが，このデータからそれらの答えを得ることは難しいように思われる．

Simpson（1951）にある古典的な例では，ある患者のグループが新薬投与の機会を与えられる．薬を投与した患者と薬を投与しなかった患者において病気が治癒した割合を比べると，薬を投与した患者の方が治癒した割合が低かった．しかし，性別により患者を分けると，薬を投与した男性患者の方が薬を投与しなかった男性患者よりも治る割合が高く，また，薬を投与した女性患者の方が薬を投与しなかった女性患者よりも治る割合が高いことが分かった．つまり，この新薬は男性にも女性にも有効であるが，全体としては薬は逆効果であるということになる．ばかげている，あるいはそんなことが起こるはずはないように思える．だからパラドックスと呼ばれるのである．そのような結果になるような数字の組み合わせがあるとは思えないという人もたくさんいる．これが可能だということを示すため，以下の例を考えてみる．

例 1.2.1 700 人の患者について回復率を記録した．700 人のうち 350 人は薬の投与を望み，350 人は望まなかった．この調査の結果を表 1.1 に示す．

表 1.1 新薬についての調査結果．性別を考慮したもの．

	薬投与	薬投与なし
男性	87 人中 81 人が回復（93%）	270 人中 234 人が回復（87%）
女性	263 人中 192 人が回復（73%）	80 人中 55 人が回復（69%）
合計	350 人中 273 人が回復（78%）	350 人中 289 人が回復（83%）

表の第 1 行は男性患者についての結果，第 2 行が女性患者についての結果である．第 3 行は性別に関わりなく，すべての患者についての結果である．男性患者において，薬を投与した患者の方が，そうでない患者よりも高い率で回復している（それぞれ 93% と 87%）．女性患者においてもまた，薬を投与した患者の方が，そうでない患者よりも高い率で回復している（それぞれ 73% と 69%）．しかし，男性と女性合わせた全体としては，薬を投与しなかった患者の方がより高い率で回復している（それぞれ 83% と 78%）．

このデータによると，患者の性別が（男性か女性か）分かっている場には薬を投与し，性別が分からないならば，薬を投与すべきではないということになる．これは明らかにおかしな話だ．もしこの薬が男性にも女性にも効くならば，誰にでも効くはずである．患者の性別が分からないと薬が有害になるなどというわけがない．

この調査の結果をふまえ，医師は女性患者に薬を処方すべきであろうか？ 男性の場合は？ 性別が分からない患者の場合は？ あるいは新薬が国民全体に効果的かどうかを評価する担当者はどうだろうか．全体の治癒率を見るべきだろうか．それとも性別の治癒率を利用して判断すべきであろうか．

この問いには，古典的な統計学では答えることができない．薬が患者に対して有効であるか有害であるかを知るには，まずデータに隠された真実，つまり，どのような因果がその結果を生んだのかを理解しなければならない．たとえば，以下のような事実があったとする．エストロゲン（女性ホルモン）はこの病気の回復を妨げる．つまり薬の効用に関係なく，女性は男性よりも回復しにくい．さらに，データから分かるように，女性は男性よりもはるかに高い割合で薬の

投与を受けている．つまり，全体として薬が有害であるかのように見えるのは，薬の投与を受けた患者から無作為に抽出すれば，その患者は女性である確率が高く，したがって薬の投与を受けていない患者から無作為抽出した患者よりも回復する確率が低くなっているのである．別の言い方をすれば，患者が女性であるということが，薬の投与を受けることと，回復しにくいこと両方の原因となっているのだ．だから薬の有効性を評価するには，薬を投与された患者とそうでない患者の回復率の違いが，エストロゲンによるものでないようにするため，同性の患者同士を比較する必要がある．つまり，性別で分けたデータを使用するべきであり，薬は効果的であることは明らかである．この結果は直観的である．つまりデータを分割することによりより詳細に，したがってより正確な情報となっているのだ．

上の例では離散型変数を使っているが，連続型変数の場合でも同様な反転を確認することができる．各年齢層において，週ごとの運動量と，コレステロール値を計測した調査を考える．運動を X 軸に，コレステロールを Y 軸にとり，年齢層別にプロットしたものを図 1.1 に示す．この図を見ると，どの年齢層でも，右下がりの傾向が見られる．若い人がより多く運動すると，コレステロール値は下がる．中年の人，年配の人においても同様の傾向がある．しかし同じ散布図でも，図 1.2 のように年齢を考慮しない場合は，右上がりの傾向を見ることになる．つまり，より多く運動をすると，コレステロールが上がるのである．この問題を解決するには，やはりデータに隠された事実を使う必要がある．もし，人は年をとるとより多く運動するようになる（図 1.1），そして年をとると，運動するかしないかにかかわらず，コレステロール値が高くなることが分かっているとする．するとこの反転は簡単に説明することができ，問題は解決する．年齢が処置（運動）と反応（コレステロール）の両方の原因になっているのである．したがって，ここでもまた，年齢層別のデータを使い，同年代同士を比べるべきである．そうすることによって，比較のグループ内において多く運動する人が，高年齢によってコレステロール値が高くなる可能性を除き，しかし運動によるコレステロール値への効果は除かないようにするのである．

しかし，驚く読者がいるかもしれないが，データを分割するといつも正しい答えになるとは限らない．先ほどの投薬と回復の例と同じ数字を使い，被験者の

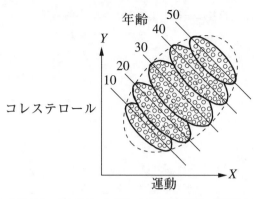

図 1.1 運動量とコレステロール値についての調査結果. 年齢により層別.

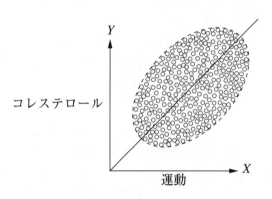

図 1.2 運動量とコレステロール値についての調査結果. 年齢により層別していない. データは図 1.1 と同じ, ただしここでは年齢層の境界を示していない.

性別の代わりに今度は血圧を試験後に測定したものを記録したとする. ここでは, 薬を投与されると, 血圧が下がることにより回復を促進することが分かっているとする. しかし, 残念ながらこの薬には有害効果もある. 試験後, 結果をまとめたものを表 1.2 に示す. (表 1.2 は表 1.1 とまったく同じ数字を使っている. 列の表題のみ入れ替えている.)

表 1.2 新薬についての調査結果. 処置後の血圧を考慮したもの.

	薬投与なし	薬投与
低血圧	87 人中 81 人が回復 (93%)	270 人中 234 人が回復 (87%)
高血圧	263 人中 192 人が回復 (73%)	80 人中 55 人が回復 (69%)
合計	350 人中 273 人が回復 (78%)	350 人中 289 人が回復 (83%)

さて，この場合，患者に投薬を勧めるべきであろうか？

ここでも先ほどと同様，データが生成された過程に答えはある．全体としては，薬が血圧を低下させることにより，回復を助けているようである．しかし，データを処置後血圧が高いグループと低いグループに分割すると，もちろんこの効果を見ることはできない．薬の害のみが見える．

性別の例と同様，この試験の目的は，処置が回復率に及ぼす効果を測定することである．しかし，この例においては，処置が回復を促すしくみが血圧降下を伴うため，血圧によりグループ分けすることは間違いである．（患者の血圧を処置前に測定していれば，あるいはこの例とは逆に血圧が処置に影響を及ぼすということであればまた別の話である．）したがって，患者全体についての結果により，処置は回復する確率を高める効果がある，つまり処置を勧めるべきである．注目すべき点は，性別の例と血圧の例で数字はまったく同じなのにもかかわらず，前者では分割したデータを使用することで正しい結果が得られ，後者では分割しない全体データを使用することで正しい結果となることである．

処置を施すべきかどうかを決めるのに必要な情報は何も——計測のタイミングも，処置が血圧に影響するということも，また血圧が回復を左右するという事実も——データを見るだけでは分からない．実際，統計学の教科書に昔から書いてあるように（そして書いてあることはもちろん正しい），相関は因果を意味しない．であるからデータのみから因果関係を判別できるような統計的方法は存在しない．

しかしそれでも，統計学者はいつもこの種の因果の仮定によりデータを解釈する．実際，冒頭の性別を用いた Simpson のパラドックスは，処置が性別に影響するはずがないとの強い確信から来ている．もしも処置が性別を左右するのであれば，パラドックスではない．データにおける因果関係は，血圧の例と同様だと考えることができる．"処置が性別を左右するわけがない"というのはあたりまえのようであるが，データにおいてこれを検証することはできないし，またこれを統計学において通常使われる数学で記述することもできない．実際，よく因果推論に使われる表 1.1 や 1.2 のような分割表では，どのような因果情報も表すことはできない．

しかし，標準統計学の範囲を越える方法により，因果関係を表すことができ

るのである．これらの方法およびその意味するところを論じるのが本書の目的である．このような方法を用いることにより，読者はどのように込み入った因果のシナリオでも数学的に記述することができ，またSimpsonのパラドックスのような問題を，線形代数の問題でXでも解くように素早く簡単に解くことができるようになる．これらの方法により，上記3つの例の違いを簡単に見分け，適切な統計的分析を行い，解釈することができるようになる．因果の解析はシンプルな論理的処理からなり，男性にも女性にも効くが，全体としては害になるような薬は存在しないとか，血圧値が同じ患者を比較することが無益であるというような，私たちがすでに持っている感覚を明確にしてくれる．この解析法は，Simpsonのパラドックスのような小さな例題だけでなく，直観や常識が分析の役に立たない複雑な状況も扱うことができる．シンプルな数学的ツールにより，政策評価についての実際的な問題や，なぜ，どのようにして事象が起きるのかという科学的問題に答えることができるのである．

しかしまだ私たちはこのような大それたことを実行する準備ができていない．データの奥にある因果のストーリーをきちんと理解するには，以下の4つが必要である．

1. 因果の実践的な定義
2. 因果関係を正確に記述する方法，つまり因果モデルを作ること
3. 因果モデルの構造をデータの特徴に関連付ける方法
4. モデルとデータに含まれる因果関係の組み合わせから結論を導く方法

本書の最初の2章では，因果関係をモデルし，データと関連付けることを扱う．第3章以降で，これらの因果関係とデータを使い，因果に関する問題に答えられるようにする．しかしこれらに進む前に，因果を定義する必要がある．これは直観的で簡単なことだと思われるかもしれないが，統計学者も哲学者も数世紀の間，この用語の包括的な定義について同意できないでいた．本書において，因果の定義はシンプルである．比喩的であるとも言える：変数Yの値がXにどのような形であれ依存しているならば，XはYの原因である．後にこの定義を少し拡大して使うこともあるが，今のところは，因果とは聞くことのようなものだと思えばよい．YはXの言うことを聞き，何が聞こえたかによって値が変わるならば，XはYの原因である．

8   1. 序論：統計モデルと因果モデル

　読者が上に挙げた因果分析の方法を理解するためには，確率，統計学，グラフ理論についての基本的理解が必要である．よって以下の2節で必要な定義や実例などを提供する．確率，統計学，グラフ理論の基礎を学んだ読者はこれらをとばして1.5節に行っても理解に差し支えない．

練習問題 1.2.1　以下のそれぞれについて誤りを指摘せよ．
(a) データによると，収入と婚姻に高い正の相関がある．したがって，結婚すれば収入が増えるであろう．
(b) データによると，火事が増加するにつれて，消防士の数も増加している．したがって，火事を減らすには，消防士を減らすとよい．
(c) データによると，急ぐ人は会議に遅刻しがちである．だから急いではならない．急ぐと会議に遅刻するであろう．

練習問題 1.2.2　野球選手 Tim の打率は，チームの同僚 Frank よりもよい．しかし，Frank の打率は，右投手に対しても，左投手に対しても Tim よりもよいことが分かった．このようなことが起こりうるであろうか．表を作成することにより答えよ．

練習問題 1.2.3　以下のそれぞれの因果のシナリオにおいて，真の効果を知るためには，データ全体を使った方がよいか，層別データを使った方がよいか答えよ．
(a) 腎臓結石には2種類の治療法がある．これらを治療法A, 治療法Bとする．医師は，より大きな（したがってより深刻な）石には治療法Aを，より小さな石には治療法Bを行う傾向にある．結石が大きいか小さいか分からない患者についてどちらの治療法が有効かを検討する際に，全体のデータを見た方がよいか，それとも結石の大きさにより分けたデータを見た方がよいか．
(b) 小さな町に2人の医師がいる．それぞれこれまでに100件の手術をしている．手術には2つのタイプがあり，片方は非常に難しい，他方は簡単な手術である．1人めの医師は難しい手術よりも簡単な手術を主に行っており，2人めの医師は簡単な手術よりも難しい手術を主に行っている．あなたは手術を受ける必要があるが，自分の手術が難しいタイプなのか簡単なタイプなのか分からない．あなたが手術の成功率を高くしたいとき，それぞれの医師について全体の手術での成功率を調べるべきか，あるいは簡単な手術と難しい手術に分けたデータで

成功率を調べるべきか．

練習問題 1.2.4 新薬の効果を推定するため，ランダム化試験を行った．全体としては，患者のうち 50% に新薬が投与され，50% にはプラシーボが与えられた．試験の前日，看護師は気分が落ち込んでいる患者に，その多くは次の日に新薬を受け取ることになっている者であるが，飴を配った．(看護師が歩いていたのがたまたま新薬を受け取る患者の部屋だった．) 奇妙なことに，試験の結果は Simpson の反転を示した．新薬は全体としては効果があるが，飴をもらった患者についても，飴をもらわなかった患者についても，新薬の投与により，回復率が低くなった．飴をなめることが回復に何も関係ないとして，以下の問いに答えよ．

(a) 全体として，新薬は有効か有害か．
(b) 上の答えは，性別のデータを使用するべきであった本章の例と矛盾するか．
(c) 簡単な図により，どのようなことが起きているか説明せよ．1.4 節にあるような図を書くとよい．
(d) この状況で，Simpson の反転が起きるのはなぜか説明せよ．
(e) 飴が渡されたのが試験の次の日（飴は同じ基準で配るとする）であったとすると，答えは変わるか．

ヒント：飴を受け取ったということは，新薬を投与される可能性が高い，また落ち込んでいる可能性も高い，そしてこのことが回復率を下げるリスク要因であることに注目するとよい．

1.3 確率と統計

　統計学は絶対的な値ではなく，起こりやすさを扱うので，確率論の用語は非常に重要である．因果の研究においても確率論は同様に重要である．なぜならば，因果の記述は不確かさを含み（"不注意な運転は事故につながる"という文は正しいが，不注意な運転をすると必ず事故が起きるというわけではない），その不確かさを記述するのが確率論だからである．本書では，確率の用語と理論を用いて世界について信じうることとその不確かさを表現する．確率論の基礎を持たない読者のために，以下に本書を理解する上で必要となる重要な用語と

概念をまとめる．

1.3.1 変　　数

変数とは，複数の値をとりうる特性あるいは記述子である．たとえば，喫煙者と非喫煙者の健康を比較する調査において，変数は，被験者の年齢，性別，がんに罹った親族はいるか，これまでに何年喫煙しているか，などである．変数とは，問いであると考えることもできる．その値が答えである．たとえば，"この被験者は何歳ですか？" "38歳です．" という問いと答えを考えると，"年齢" が変数で，"38" が変数の値である．変数 X が値 x をとる確率を $P(X = x)$ と書く．文脈により明らかな場合は，よく $P(x)$ のように略して書くことがある．複数の変数の値について一度に扱うこともできる．たとえば，$X = x$ かつ $Y = y$ となる確率を $P(X = x, Y = y)$ あるいは $P(x,y)$ のように書く．$P(X = 38)$ とは，母集団から無作為に抽出した人の年齢が 38 歳である確率である．

変数には離散型と連続型がある．離散型変数（カテゴリー型変数とも呼ばれる）は任意の種類の有限または可算無限集合のうち 1 つの値をとるものである．部屋の照明のスイッチを表す変数は離散型である．なぜならば，"オン" と "オフ" の 2 つの値のどちらかをとるからである．連続型変数は連続した目盛上にある無限の値のどれにもなりうる．（どの 2 つの値の間にも必ず第 3 の値が存在する．）たとえば，ある人の体重を正確に記録しようとすると，体重の値は実数であるから，この変数は連続型である．

1.3.2 事　　象

事象とは，1 つまたは複数の変数に値を与えることである．"$X = 1$" は事象である．"$X = 1$ または $X = 2$" も "$X = 1$ かつ $Y = 3$" も "$X = 1$ または $Y = 3$" もすべて事象である．"コイントスで表が出た．" "被験者は 40 歳以上である．" "患者が回復した．" などもすべて事象である．最初の例では "コイントスの結果" が変数で，"表" がその変数の値である．2 番めの例では，"被験者の年齢" が変数で，"40 歳以上" がその変数のとりうる値の範囲を表している．3 番めの例では，"患者の状態" が変数で，"回復" がその値である．"事象" という用語のこの定義は，日常の生活での用法とは異なる．生活の場面で

事象（英語では event イベント）と言った場合，通常何らかの変化が起きている．（たとえば，日常の会話の中で，誰かが何歳であることをイベントだとは言わない．誰かが何歳になったということであればイベントと言うであろう．）確率論における事象のもうひとつ別のとらえ方としては，命題（真偽を判断することができる文）はどれも事象であると考えることができる．

練習問題 1.3.1 練習問題 1.2.4 にある飴のお話について，変数と事象は何か答えよ．

1.3.3 条件付き確率

事象 B が起きたという条件の下で，事象 A の起きる確率を条件付き確率という．$Y = y$ の条件下で，$X = x$ となる条件付き確率を $P(X = x|Y = y)$ と書く．条件なし確率のときと同様，ここでも省略して $P(x|y)$ などのように書く．事象 $X = x$ の確率は，条件となる $Y = y$ が成り立つことが分かっているかそうでないかにより，大きく異なる場合がよくある．たとえば，今読者がインフルエンザに罹っている確率はかなり低いであろう．しかし，もし体温を測定し，結果が華氏 102 度であると分かったら，インフルエンザに罹っている確率は高くなるであろう．

確率がデータの頻度によって表されている場合，条件付き確率とは，データを 1 つまたは複数の変数についてフィルターにかけるようなものだと考えればよい．たとえば，先のアメリカ大統領選挙での投票者の年齢について考える．国勢調査局のデータによると，表 1.3 のようになる．

表 1.3 2012 年の選挙における投票者の年齢別データ．単位は千人

年齢	投票者の数
18–29	20,539
30–44	30,756
45–64	52,013
65+	29,641
	132,948

表 1.3 によると，総投票者数は 132,948,000 であった．したがって，ある投票者が 45 歳よりも若い確率は

$$P(\text{投票者の年齢} < 45) = \frac{20{,}539{,}000 + 30{,}756{,}000}{132{,}948{,}000} = \frac{51{,}295{,}000}{132{,}948{,}000} = 0.38$$

である．ここで，ある投票者が，29 歳よりも上であることが分かったとすると，この投票者が 45 歳よりも若い確率はどのようになるであろうか．これを知るには，データをフィルターして 29 歳より上の人だけを含む表を新たに作成すればよい．これを表 1.4 に示す．

表 1.4 2012 年の選挙における 30 歳以上の投票者についての年齢別データ．単位は千人

年齢	投票者の数
30–44	30,756
45–64	52,013
65+	29,641
	112,409

この新たなデータによると，総投票者数は 112,409,000 であるから，確率は

$$P(\text{投票者の年齢} < 45 | \text{投票者の年齢} > 29) = \frac{30{,}756{,}000}{112{,}409{,}000} = 0.27$$

となる．このような条件付き確率は，因果の問題を研究するのに非常に重要な役割を果たす．というのも，私たちはしばしば結果の起きる確率（リスクともいえる）がさまざまなフィルター，つまり曝露の条件によりどのように変化するかを比べたいからである．たとえば，喫煙者が肺がんになる確率は，非喫煙者の確率と比べてどうかなどである．

練習問題 1.3.2 表 1.5 はアメリカの成人における性別と最終学歴の関係を表している．

- $P(高校卒業)$ を計算せよ．
- $P(高校卒業または女性)$ を計算せよ．
- $P(高校卒業|女性)$ を計算せよ．
- $P(女性|高校卒業)$ を計算せよ．

1.3.4 独 立 性

ある事象の起きる確率は，別の事象により影響を受けないという場合がある．

表 1.5 性別と最終学歴

性別	最終学歴	人数（単位は 10 万人）
男性	高卒未満	112
男性	高卒	231
男性	大卒	595
男性	大学院卒	242
女性	高卒未満	136
女性	高卒	189
女性	大卒	763
女性	大学院卒	172

たとえば，体温が高いことが分かれば，インフルエンザに罹っている確率は高くなるかもしれないが，友人の Joe の年齢が 38 歳であると分かったところでインフルエンザに罹っている確率は何の影響も受けない．このような場合，2つの事象は独立であるという．正式には，事象 A と事象 B は

$$P(A|B) = P(A) \tag{1.1}$$

が成り立つときに独立であるという．つまり，事象 B が起こったという事実は事象 A の確率について何の新たな情報ももたらさない．もし上記の等号が成り立たないならば，事象 A と B は従属であるという．独立性や従属性は対称の関係である．事象 A が B に従属するならば，B は A に従属する．また事象 A が B と独立であるならば，B は A と独立である．（正式には，$P(A|B) = P(A)$ であるならば，$P(B|A) = P(B)$ である．）これは直観的である．もし，"煙"が"火事"について何かの情報を持っているならば，"火事"が"煙"について何らかの情報を持っているはずである．

もし

$$P(A|B,C) = P(A|C) \tag{1.2}$$

かつ $P(B|A,C) = P(B|C)$ であるとき，2つの事象 A と B は第3の事象 C の下で条件付き独立であるという．たとえば，"煙探知機が作動した．"という事象は"近くで火事が起きた．"という事象と従属である．しかし，2つの事象は，3つめの事象"近くで煙が発生した．"という条件の下では独立であるかもしれない．煙探知機は，煙に反応するのであって，煙の原因に反応しているわけではないからである．データ，あるいは分割表を扱う際に，事象 C によりフィル

ターして作成した新しいデータセットにおいて事象 A と B が独立であるならば，事象 A と B は事象 C の下で条件付き独立である．フィルターする前のもとのデータにおいて事象 A と B が独立である場合，これを周辺独立という．

変数も，事象と同様，互いに従属，あるいは独立であるということができる．2 つの変数 X と Y は，X と Y がとりうるすべての値 x と y について

$$P(X = x | Y = y) = P(X = x) \tag{1.3}$$

が成り立つとき，独立である．（事象についての独立と同様，変数の独立も対称の関係である．したがって，式 1.3 より $P(Y = y | X = x) = P(Y = y)$ である．）X と Y のとりうる値のうち一組でもこの等式を満たさないものがある場合，X と Y は従属であるという．この意味で，変数の独立は，事象の独立の集合であると考えることができる．たとえば，"身長"と"音楽の才能"は独立した変数である．どのような身長 h と音楽の才能 m の値の組においても，ある人が音楽の才能を m ほど持っているということが分かっても，その人の身長が h フィートである確率は変わらないであろう．

1.3.5 確率分布

変数 X の確率分布とは，X のとりうる値すべてについて，それが起きる確率を示したものである．たとえば，X が 1, 2, 3 のうちどれかをとる変数だとすると，確率分布の例として "$P(X = 1) = 0.5, P(X = 2) = 0.25, P(X = 3) = 0.25$" などが考えられる．確率分布に使われる確率はそれぞれ 0 と 1 の間の数で，すべてを加えると 1 になる．確率 0 の事象は起き得ない事象である．確率 1 の事象は必ず起きる事象である．

連続型変数にも確率分布はある．連続型変数 X の確率分布は確率密度関数 f によって表される．f を座標軸に描くと，変数 X が a と b の間の値をとる確率は a と b の間で曲線 f の下の部分の面積である．微積分の授業をとった読者であればご存知のように，これは $\int_a^b f(x)dx$ である．曲線 f の下の面積全体，つまり $\int_{-\infty}^{\infty} f(x)dx$ はもちろん 1 である．

複数の変数の組み合わせについても確率分布を考えることができ，これは同時分布と呼ばれる．複数の変数の組み合わせ V の同時分布は，可能なすべて

の変数の組み合わせそれぞれについて確率を表す．たとえば，V が 2 つの変数 X と Y を含み，それぞれの変数が 1 または 2 の値をとりうる場合，確率同時分布の例として"$P(X=1,Y=1)=0.2, P(X=1,Y=2)=0.1, P(X=2,Y=1)=0.5, P(X=2,Y=2)=0.2$"などが考えられる．単変数の場合と同様，同時分布の確率も合計は 1 になる．

1.3.6 全確率の公式

確率論で，知っていると便利な普遍的真理がある．まず，排他的な 2 つの事象 A と B（つまり A と B は同時には起きることはない）について，

$$P(A \text{ または } B) = P(A) + P(B) \tag{1.4}$$

が成り立つ．これより，

$$P(A) = P(A, B) + P(A, B \text{ でない}) \tag{1.5}$$

がいえる．なぜならば，"A かつ B"と"A かつ (B でない)"は排他であるからだ．また，A が成り立つならば，"A かつ B"または"A かつ (B でない)"のうちどちらかが成り立つからである．たとえば，"Dana は背の高い男だ．"と"Dana は背の高い女だ．"は互いに排他である．もし Dana の背が高いならば，背の高い男か背の高い女のどちらかである．したがって，$P(\text{Dana は背が高い}) = P(\text{Dana は背の高い男}) + P(\text{Dana は背の高い女})$ である．

一般に，事象の集合 $B_1, B_2, \ldots, B_n$ のうちただ 1 つが真である（起こりうるすべての事象を含みそれらがすべて互いに排他である．これを分割という）ようなどのような集合についても

$$P(A) = P(A, B_1) + P(A, B_2) + \cdots + P(A, B_n) \tag{1.6}$$

が成り立つ．

この法則は全確率の公式と呼ばれ，以下のように具体的な例で簡単に理解することができる．トランプのカードから 1 枚を無作為に取り出したときに，それがジャックである確率は，ジャックかつスペードである確率と，ジャックかつハートである確率と，ジャックかつクラブである確率と，ジャックかつダイ

ヤである確率の和である．事象 A の確率を求めるのに，事象 B_i について合計することを，B について周辺化するといい，それにより得られた $P(A)$ を周辺確率という．

事象 B の確率と，B の下での A の条件付き確率が既知であれば，以下により，A かつ B の確率を求めることができる．

$$P(A,B) = P(A|B)P(B) \tag{1.7}$$

たとえば，Joe がおもしろく，かつ頭がよい確率は，頭がよい人がおもしろい確率と，Joe が頭がよい確率を掛けたものである．割り算の形で示した

$$P(A|B) = P(A,B)/P(B)$$

は条件付き確率の正式な定義とされており，これを見ると，条件付き確率を求めることは，表 1.3 や 1.4 で行ったようにデータをフィルターにかけることであると理解することができる．事象 B の下での条件付き確率を求める際には，確率の表から B でないものをすべて取り除く．こうして作成した新しい表は，もとのものと同様確率分布であり，したがって，他のすべての確率分布と同様に，すべての確率の和は 1 でなければならない．新しい表（を作成した方法）から，これらの事象のもともとの分布における確率の和は $P(B)$ である．したがって，新しい分布での確率は，それぞれ $1/P(B)$ 倍したものとなる．

式 1.7 から，これまでなんとなく"新たな情報を与えない"という意味で使ってきた独立という概念は，確率分布の式で表すことができると分かる．特に，A と B が独立しているためには，

$$P(A,B) = P(A)P(B)$$

が必要である．たとえば，2 つのコイントスの結果が真に独立であることを確認するには，両方が裏になる頻度を数え，それがそれぞれのコインが裏になる頻度の積であることを確かめればよい．

式 1.7 と対称性 $P(A,B) = P(B,A)$ より，確率論でもっとも重要な法則，Bayes の定理が得られる．

$$P(A|B) = \frac{P(B|A)P(A)}{P(B)} \tag{1.8}$$

式 1.7 の乗法定理により，全確率の公式を条件付き確率の重み付き和として書くことができる．

$$P(A) = P(A|B_1)P(B_1) + P(A|B_2)P(B_2) + \cdots + P(A|B_k)P(B_k) \quad (1.9)$$

この式は非常に有用である．というのは，多くの場合，$P(A)$ を直接求めることが不可能であるが，これを分解することにより，間接的に $P(A)$ を求めることが可能となるからだ．一般的に，ある場合に関連している $P(A|B_k)$ のような条件付き確率の方が，特にある場合における確率ではない $P(A)$ のような確率よりも容易に手に入りやすい．たとえば，2 か所の工場で製造されたおもちゃの在庫があるとする．30%は工場 A で製造されており，工場 A では 5,000 個に 1 個の割合で不良品が出る．70%は工場 B で製造され，工場 B では 10,000 個に 1 個の割合で不良品が出る．おもちゃ全体から，無作為に 1 個取り出したときにそれが不良品である確率を求めるのは，簡単なことではない．しかし，式 1.9 により分割して考えると，容易に求めることができる．

$$P(不良) = P(不良|A)P(A) + P(不良|B)P(B)$$
$$= \frac{0.30}{5{,}000} + \frac{0.70}{10{,}000}$$
$$= \frac{1.30}{10{,}000} = 0.00013$$

さらに，もう少し難しい例を挙げると，サイコロを 2 つ投げ，2 つめのサイコロの目が，1 つめよりも大きい確率 $P(A) = P(サイコロ 2 > サイコロ 1)$ を求めたいとしよう．この確率を一発で計算できるような方法があるようには思えない．しかし，1 つめのサイコロの目によって $B_1, \ldots, B_6$ の場合に分割すると，簡単に求めることができる．

$P(サイコロ 2 > サイコロ 1)$
$= P(サイコロ 2 > サイコロ 1|サイコロ 1 = 1)P(サイコロ 1 = 1)$
$\quad + P(サイコロ 2 > サイコロ 1|サイコロ 1 = 2)P(サイコロ 1 = 2)$
$\quad + \cdots + P(サイコロ 2 > サイコロ 1|サイコロ 1 = 6)P(サイコロ 1 = 6)$
$= \left(\dfrac{5}{6} \times \dfrac{1}{6}\right) + \left(\dfrac{4}{6} \times \dfrac{1}{6}\right) + \left(\dfrac{3}{6} \times \dfrac{1}{6}\right) + \left(\dfrac{2}{6} \times \dfrac{1}{6}\right) + \left(\dfrac{1}{6} \times \dfrac{1}{6}\right) + \left(\dfrac{0}{6} \times \dfrac{1}{6}\right)$

$$= \frac{5}{12}$$

式 1.9 にある分解は，B についての周辺化，あるいは分割の足し上げなどと呼ばれる．本書では，B の値により条件付けして足し上げると言うことにする．

1.3.7 Bayes の定理を使う

Bayes の定理を使う際によく，きちんと定義しないまま事象 A を"仮説"そして事象 B を"証拠"と呼ぶことがある．このように呼ぶことが Bayes の定理がどれほど重要であるかを示している．多くの場合，$P(B|A)$，つまり仮説が正しいとした場合にその証拠が起きる確率は既知であるか，あるいは容易に知ることができる．しかし，$P(A|B)$，つまり得られた証拠から，その仮説が正しい確率を求めるのはかなり難しい．実際には知りたいのは後者である場合が多い．一般に，ある仮説が正しい確率 $P(A)$ をある証拠 B が起きたことを確認した後に $P(A|B)$ に更新したい．Bayes の定理を正しく使うには，仮説を事象として扱い，ある状況でのすべての仮説についての確率分布を与える必要がある．この確率分布を事前確率という．

たとえば，あなたがカジノにいるとする．ディーラーが"11"と叫ぶのが聞こえた．あなたはカジノでこのような事象が起きるのはクラップスとルーレットのみである，そして，カジノではいつでも同数のクラップスとルーレットが行われていることを知っている．ディーラーが"11"と叫んだのを聞いて，そのディーラーがクラップスのテーブルにいる確率はいくらであるか？

この場合，"クラップス"が仮説であり，"11"が証拠である．すぐにこの確率を求めろといわれても難しいが，その逆，つまりクラップスをしているとして 11 が起きる確率はゲームのルールから簡単に計算することができる．クラップスは参加者が 2 個のサイコロの目の和に賭けるゲームである．したがって，結果が 11 になる確率は $\frac{2}{36} = \frac{1}{18}$ である．つまり $P(11|クラップス) = \frac{1}{18}$ となる．ルーレットの結果には 38 個の可能性があり，それらは同様の確からしさで起きる．したがって $P(11|ルーレット) = \frac{1}{38}$ となる．この状況において，2 つの仮説"クラップス"と"ルーレット"がある．クラップスのテーブルとルーレットのテーブルは同じ数だけあるのでディーラーが"11"と叫ぶのを聞く前の事

前確率は $P(クラップス) = P(ルーレット) = \frac{1}{2}$ である．全確率の公式により，

$$P(11) = P(11|クラップス)P(クラップス)$$
$$+ P(11|ルーレット)P(ルーレット)$$
$$= \frac{1}{2} \times \frac{1}{18} + \frac{1}{2} \times \frac{1}{38} = \frac{7}{171}$$

以上で必要な情報が比較的容易に得られたので，$P(クラップス|11)$ を計算する．

$$P(クラップス|11) = \frac{P(11|クラップス) \times P(クラップス)}{P(11)}$$
$$= \frac{1/18 \times 1/2}{7/171} = 0.679$$

Bayes の定理の有効性を示すもう一つの例として，Monty Hall 問題という統計学の古典的な頭の体操がある．この問題では，あなたは Monty Hall が司会をするゲーム番組の参加者である．Monty は，3 つのドア A, B, C を提示する．3 つのうちただ一つのドアの向こう側には新車がある．（その他の 2 つのドアの向こう側にはヤギがいる．）正解のドアを開ければ新車はあなたのものである．間違った場合はヤギがもらえる．あなたはあてずっぽうで A を選んだとしよう．Monty は新車がどこにあるかを教えてはいけないことになっているが，ヒントとして C のドアを開けて見せる．もちろんそこにはヤギがいる．ここで Monty はあなたに B に変更しますか，それとも A のままでいいですかと問う．どちらを選んでも，あなたはそこにあるものが手に入る．

あなたは最初に選択した A のドアを開けるべきか，それとも B のドアに変更するべきか，という問題である．

多くの人は，最初この話を聞いたとき，以下のように考える．新車があるドアと，あなたが最初に選んだドアは独立しているので，この段階で自分の決定を変更しようがしまいが関係ないはずである．つまり新車がドア A にある確率と，ドア B にある確率は等しいはずである．

しかし正解は，新車が当たる確率は，ドア B に変更した方が，ドア A よりも 2 倍大きいのである．統計学専攻の学生もこの結果にはもう何十年もの間ずっとビックリさせられている．直観的には理解しがたいこの正解の説明は以下で

ある．まず最初にドアを選ぶ際，新車が当たる確率は $\frac{1}{3}$ である．Monty が開けるドアは必ずヤギのドアであるから，あなたが最初に選んだドアが正解であるかどうかにかかわらず，Monty がドアを開けることにより何の新情報も得られていない．したがって，あなたが最初に選んだドアに新車が隠されている確率はいまだ $\frac{1}{3}$ である．したがって，残りの $\frac{2}{3}$ が，もう一つのドアに新車がある確率となる．

この驚くべき事実は，Bayes の定理を使って証明することができる．3つの変数 X, Y, Z を考える．X はクイズの参加者が選んだドア，Y は新車が隠されている正解のドア，Z は司会者が開けるドアとする．変数 X, Y, Z のとりうる値は A, B, C である．証明したいのは，$P(Y = B|X = A, Z = C) > P(Y = A|X = A, Z = C)$ である．ここで，仮説は，新車はドア A にあるということ，証拠は，Monty が開けたのはドア C であるということである．読者にはこの証明を練習問題 1.3.5 で解いてもらう．さらに直観的に理解するには，次のように考えるとよい．このゲームで，ドアが 100 個あるとするのだ．（1つは新車，残りの 99 個はヤギである．）参加者は，ドアを1つ選ぶ．そしてここでは Monty はドアを 98 個，すべてヤギの入っているドアを開ける．その後で，参加者は，最初の選択を変更しますかと聞かれるのだ．このように考えると，当初の決定を変更した方がよいことは明らかである．

なぜ，Monty が C のドアを開けることが新車の場所についての証拠になるのであろうか．結局のところ，最初の選択が正しかったかどうかについては何も追加情報がないはずだ．さらに Monty がドアを開けるというときに，それが B にしろ C にしろ，開けるのはヤギのドアで，新車のドアでないことはあらかじめ分かっていたことである．答えは，あなたがドア A を選んだからには，Monty はそのドアを開けることはできない，しかし，ドア B については開けていたかもしれない，ということである．彼がドア B を開けなかったという事実が，彼はドア C を開けるしか選択がなかったということの確からしさを増し，新車はドア B にある証拠となるのである．これはベイジアン分析によくある考え方である．何らかの形で否定される可能性があったのに否定されなかったという事実が，その事象をより確かなものにするのである．この場合，ドア B は

否定される可能性があった（Monty が開けていたかもしれない）．しかしドア A にその可能性はなかった．したがって，ドア B はより確からしくなるのに，ドア A の確からしさは変わらないのである．

　読者には，上記の説明に反事実の用語が多く使われていることに気づかれたい．たとえば，"彼は開けていたかもしれない．""開けるしか選択がなかった""まさにドアを開けようとするとき"などの表現である．Monty Hall の例がさまざまな確率論のパズルの中で際立っているのは，これがデータ生成のプロセスに重要な意味で依存していることである．確からしさについての信念は事実だけでなく，その事実がどのようなプロセスで起きたかにも依存するのである．特に，新車がドア C には入っていないという情報だけでは問題を充分にとらえているとはいえない．確率を計算するには，司会者がドア C を開ける前に，他にどのような選択肢があったのかも知っていなければならない．本書の第 4 章では，反事実の理論により，このようなプロセスやとりうる選択肢を記述し，選択肢についての正しい信念を構築できるようにする．

　Bayes の定理についてはいくらかの論争がある．ある証拠の下で仮説が正しい確率を計算する際，しばしば事前確率 $P(A)$ を起こりうる場合の頻度や割合の形で求めることができない場合がある．たとえば以下のような例である．カジノで，クラップスとルーレットをやっているテーブルの比が分からない場合，いったいどうすれば事前確率 $P(クラップス)$ を計算することができようか．無知を表すのに $P(A) = \frac{1}{2}$ とするのがよいのではないかと思うかもしれない．しかしそのカジノではルーレットのテーブルの方が少ないような気がしたらどうであろうか．あるいは，叫び声をあげたディーラーの声が，前日に聞いたクラップスのディーラーの声のような気がしたとするとどうであろうか．このような場合，Bayes の定理を使うのに，$P(A)$ の代わりにある仮説が他の起こりうることと比較してどれくらい確からしいかについての主観的信念を使う．この信念が主観的であるということが論争のもとになっている．$P(A)$ が仮説について私たちが持っている情報を正確に表しているとどうしていえようか．すべての賛成，反対意見を考慮してただ一つの数字にまとめるべきであろうか．それができたとして，主観的信念を，客観的頻度で表した確率のときとまったく同様の方法により更新してよいといえるだろうか．人間は Bayes の定理に従うよ

うに信念を更新しているわけではないという行動科学の実験結果もある．しかし，そうするべきであると多くの人は考えている．定理との乖離が人間の論理的思考の不完全さ，そして欠陥までをも表しており，これが最適以下の決断につながる．Bayesの定理の正しい使用法についての議論は今日でも続いている．これらの論争にかかわらず，統計学にとってBayesの定理は強力なツールであり，本書を通じて上手く使っていく．

練習問題 1.3.3　1.3.6 節にあるカジノの問題について考える．
 (a) このカジノには，ルーレットのテーブルがクラップスのテーブルの 2 倍あるとするとき，$P(クラップス|11)$ を計算せよ
 (b) このカジノには，クラップスのテーブルがルーレットのテーブルの 2 倍あるとするとき，$P(ルーレット|10)$ を計算せよ

練習問題 1.3.4　3 枚のカードがある．最初のカードは両面とも黒．2 枚めのカードは両面とも白．3 枚めのカードは片面が白で片面が黒である．1 枚のカードを無作為に選んでテーブルの上に置く．そのカードの上に向いている面は黒であった．このカードの下を向いている面が黒である確率を求めよ．
 (a) 直観により，下向きの面も黒である確率は $\frac{1}{2}$ であると主張しなさい．$\frac{1}{2}$ より大きいとは考えられないであろうか．
 (b) 以下の変数を用いて，簡単に分かると思われる確率，条件付き確率（たとえば $P(C_D = 黒)$ など）を求めよ．

$$I = 選んだカード (カード 1, カード 2, カード 3)$$
$$C_D = 下を向いた面の色 (黒, 白)$$
$$C_U = 上を向いた面の色 (黒, 白)$$

　以上の結果を用いて，選んだカードの下を向いている面が黒である確率を求めよ．
 (c) Bayes の定理を用いて，無作為に選んだカードの上の面が黒であったときに下の面も黒である確率を求めよ．

練習問題 1.3.5（Monty Hall 問題）　Monty Hall 問題において，選んだドアを変更することにより新車が当たる確率が高くなることを Bayes の定理を用いて証明せよ．

1.3.8 期待値

　統計学において扱うデータや確率分布はとても大きいので，一つ一つの値の組み合わせを調べていては効率的でない．その代わりに，統計量を使って分布の有意な特徴を（ある程度の情報は失うものの）取り出すことになる．期待値は，このような統計量の一つで，平均とも呼ばれ，変数が数値の場合に使われるものである．変数 X の期待値は $E[X]$ と表記し，変数のとりうる値と，その値をとる確率を掛け合わせ，結果を合計したものである．

$$E[X] = \sum_x x P(X = x) \tag{1.10}$$

たとえば，変数 X がサイコロの目を表すとすると，この分布は $P(1) = \frac{1}{6}$, $P(2) = \frac{1}{6}$, $P(3) = \frac{1}{6}$, $P(4) = \frac{1}{6}$, $P(5) = \frac{1}{6}$, $P(6) = \frac{1}{6}$ となる．

　期待値は

$$E[X] = \left(1 \times \frac{1}{6}\right) + \left(2 \times \frac{1}{6}\right) + \left(3 \times \frac{1}{6}\right) + \left(4 \times \frac{1}{6}\right) + \left(5 \times \frac{1}{6}\right) + \left(6 \times \frac{1}{6}\right) = 3.5$$

となる．

　同様に X のどんな関数——たとえば $g(X)$ とする——についても，$g(x)P(X = x)$ をすべての X の値について合計することにより期待値が計算できる．

$$E[g(X)] = \sum_x g(x) P(x) \tag{1.11}$$

たとえば，サイコロを転がして，出た目の平方の賞金がもらえるとする．この場合 $g(X) = X^2$ であり，賞金の期待値は

$$\begin{aligned} E[g(X)] &= \left(1^2 \times \frac{1}{6}\right) + \left(2^2 \times \frac{1}{6}\right) + \left(3^2 \times \frac{1}{6}\right) \\ &\quad + \left(4^2 \times \frac{1}{6}\right) + \left(5^2 \times \frac{1}{6}\right) + \left(6^2 \times \frac{1}{6}\right) = 15.17 \end{aligned} \tag{1.12}$$

となる．さらに，条件 X の下での Y の期待値 $E[Y|X = x]$ も起こりうる Y と $P(Y = y|X = x)$ を掛け合わせて結果を合計することにより求めることができる．

$$E[Y|X = x] = \sum_y y P(Y = y | X = x) \tag{1.13}$$

　$E[X]$ は X の値の"ベストな推定"の一つであるといえよう．特に，多くの推

定 g のうち, $g = E[X]$ は平方誤差の期待値 $E[g - X]^2$ を最小化するものである. 同様に, $E[Y|X = x]$ は $X = x$ が観測された下での Y のベストな推定である. $g = E[Y|X = x]$ のとき, この g は平方誤差の期待値 $E\left[(g - Y)^2|X = x\right]$ を最小化する.

たとえば, 表 1.3 にある 2012 年の投票者の年齢の期待値は

$$E[\text{投票者の年齢}] = 23.5 \times 0.16 + 37 \times 0.23 + 54.5 \times 0.39 + 70 \times 0.22$$
$$= 48.9$$

(ここに, それぞれのカテゴリーの中の年齢は同様に確からしいとした. つまり, 投票者が 18 歳である確率と 25 歳である確率は等しい. また 30 歳である確率と 44 歳である確率は等しい. さらに, 最高齢の投票者は 75 歳であるとした.) もし, 無作為に選んだ投票者の年齢を答え, 正解と e 歳外れていた場合に e^2 ドル払わなければならないという状況を考えると, この状況において 48.9 歳と答えれば平均的に損が最小化できるということである. 同様に, 45 歳未満の投票者を無作為に選んで, 年齢を当てるという場合には, ベストな推定は

$$E[\text{投票者の年齢}|\text{投票者の年齢} < 45] = 23.5 \times 0.40 + 37 \times 0.60 = 31.6 \quad (1.14)$$

となる. 期待値を予測あるいは "ベストな推定" として使うことは, X の, あるいは $Y|X = x$ の分布についてのある暗黙の仮定による. その仮定とは分布が近似的に対称であるということだ. もし, 分布がかなり歪んでいる場合他の予測法の方がよいかもしれない. このような場合は, たとえば X の分布の中央値を "ベストな推定" として用いるとよいかもしれない. 中央値であれば, 絶対誤差の期待値 $E[|g - X|]$ を最小化する. 期待値に代わるこれらの統計量について述べるのはこれにとどめる.

1.3.9 分散と共分散

変数 X の分散は $Var(X)$ または σ_X^2 と表記し, 大雑把にはデータにおいて, あるいは母集団において X の値が平均からどのくらい "広がって" いるかを示す統計量である. もし X の値すべてが 1 つの値の近くにとどまるようであれば, 分散は小さく, X の値が広い範囲に渡る場合は, 分散は比較的大きくなる.

数学的には，変数の分散は，その変数と平均の差の平方の期待値と定義される．まず最初に平均 μ を計算し，それから

$$Var(X) = E[(X-\mu)^2] \qquad (1.15)$$

を計算すればよい．変数 X の標準偏差 σ_X は分散の平方根である．分散とは異なり，σ_X は X と同じ単位を持つ．たとえば，表 1.3 によれば，45 歳未満の投票者の分布における分散は式 1.15 により容易に計算できる．

$$\begin{aligned} Var(X) &= ((23.5-31.5)^2 \times 0.41) + ((37-31.5)^2 \times 0.59) \\ &= (64 \times 0.41) + (30.25 \times 0.59) = 26.24 + 17.85 = 43.09 \text{ 年}^2 \end{aligned}$$

また標準偏差は

$$\sigma_X = \sqrt{(43.09)} = 6.56 \text{ 年}$$

である．投票者を無作為に選ぶと，おそらく平均の 31.5 歳から 6.56 歳以内の範囲であろうということだ．これにはさらに定量的解釈を加えることができる．たとえば，変数 X が正規分布に従う場合，母集団のうちおよそ 3 分の 2 が期待値，または平均から 1 標準偏差以内におさまる．さらに，およそ 95% が平均から 2 標準偏差以内におさまる．

積 $(X-E[X])(Y-E[Y])$ の期待値は特に重要で，これは X と Y の共分散と呼ばれ，

$$\sigma_{XY} \triangleq E[(X-E[X])(Y-E[Y])] \qquad (1.16)$$

である．これは，X と Y の共変動の度合いを測っている．つまり 2 つの変数が一緒に変化している，あるいは"関係している"度合いである．この方法により関係の度合いを測る場合，特に X と Y のある特定の関係，すなわち線形関係の度合いを測っている．X と Y をプロットして，直線が X を変化させたときの Y の変化のしかたをどの程度とらえているかを表す量だと考えればよい．

共分散 σ_{XY} を標準化したものを相関係数と呼ぶ．

$$\rho_{XY} = \frac{\sigma_{XY}}{\sigma_X \sigma_Y} \qquad (1.17)$$

この相関係数は単位のない -1 から 1 の値をとる．X と Y をそれぞれの標準偏差を使って標準化した後，もっともよく当てはまる直線を求めたとき，その

直線の傾きが相関係数である．ρ_{XY} が 1 であることは，一方の変数から他方を線形関係により予測できることと同値である．また線形関係に基づいた予測があてずっぽうと変わりないならば相関係数は 0 である．σ_{XY} と ρ_{XY} の重要性については次節で論じる．ここでは，これらの共分散度は同時分布 $P(x,y)$ より式 1.16 と式 1.17 を使って容易に計算することができると述べるにとどめる．さらに，X と Y が独立の場合，σ_{XY} と ρ_{XY} はともに 0 となる．X と Y の非線形の関係については，単純な統計数値でとらえることはできない．これには条件付き確率 $P(Y=y|X=x)$ 全体を明示することが必要である．

練習問題 1.3.6

(a) 一般的に，X と Y が独立のとき，σ_{XY} と ρ_{XY} はともに 0 となることを証明せよ．ヒント：式 1.16 と 1.17 を使うとよい．

(b) 2 つの変数がきわめて従属であるにもかかわらず，相関係数が 0 となるような例を挙げよ．

練習問題 1.3.7
町のカジノで，2 枚のコインを同時に投げて賞金を決める．プレーヤー 1 は，少なくともひとつのコインが表である場合に限り 1 ドル受け取る．プレーヤー 2 は，2 枚とも同じ面である場合に限り 1 ドル受け取る．プレーヤー 1 の賞金を X，プレーヤー 2 の賞金を Y とする．

(a) 以下の確率分布を答えよ．

$$P(x), P(y), P(x,y), P(y|x), P(x|y)$$

(b) 前問の結果より，以下を計算せよ．

$$E[X], \quad E[Y], \quad E[Y|X=x], \quad E[X|Y=y]$$
$$Var(X), \quad Var(Y), \quad Cov(X,Y), \quad \rho_{XY}$$

(c) プレーヤー 2 が 1 ドル受け取ったとして，プレーヤー 1 の賞金を推定せよ．

(d) プレーヤー 1 が 1 ドル受け取ったとして，プレーヤー 2 の賞金を推定せよ．

(e) 2 つの事象 $X=x$ と $Y=y$ は互いに独立か．

練習問題 1.3.8
クラップスにおいて（2 個の独立したサイコロを振った結果），以下の理論値を求めよ．1 つめのサイコロの目を X，2 つめのサイコロの目を Z，2 つ

のサイコロの目の和を Y とする.

(a) x と y のそれぞれの値について

$$E[X], \quad E[Y], \quad E[Y|X=x], \quad E[X|Y=y]$$

また,

$$Var(X), \quad Var(Y), \quad Cov(X,Y), \quad \rho_{XY}, \quad Cov(X,Z)$$

を求めよ. 表 1.6 はサイコロを 12 回振った結果である.

(b) 表 1.6 を使って, (a) で計算した値を推定せよ. ヒント：多くの統計ソフトウェアはこれらの計算を自動的に行ってくれる機能がある.

(c) (a) の結果を使い, $X=3$ であった下で, 目の合計 Y の値を推定せよ.

(d) $Y=4$ であった下で, X の値を推定せよ.

(e) $Y=4$ かつ $Z=1$ であった下で, X の値を推定せよ. なぜここでの答えは (d) と異なるのか説明せよ.

表 1.6　2 個のサイコロを 12 回振った結果

	X サイコロ 1	Z サイコロ 2	Y 合計
試行 1	6	3	9
試行 2	3	4	7
試行 3	4	6	10
試行 4	6	2	8
試行 5	6	4	10
試行 6	5	3	8
試行 7	1	5	6
試行 8	3	5	8
試行 9	6	5	11
試行 10	3	5	8
試行 11	5	3	8
試行 12	4	5	9

1.3.10　回　帰

統計学ではしばしばある変数 X の値の下で別の変数 Y の値を予測したいということがある. たとえば, ある学生の年齢をもとに, 身長を予測したいなど

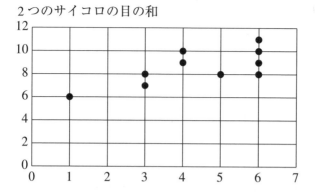

図 1.3 表 1.6 の結果による散布図. サイコロ 1 の値を x 軸に, 2 つのサイコロの目の和を y 軸にとった.

である. これまでに論じたように, X の値が分かった下で Y の値のベストな予測値は少なくとも平均 2 乗誤差を使う限り, 条件付き期待値 $E[Y|X=x]$ で与えられる. しかしここでは同時分布 $P(y,x)$ から条件付き期待値が分かる, あるいは計算できるということを前提としている. 回帰においては, データから直接予測を行うことができる. X の観測値を入力とし, Y を出力として Y の値とその予測値の 2 乗誤差が最小となるような式を, 通常は線形関数を, あてはめる.

まず, データセットのすべてを含む散布図を, 図 1.2 のように座標面に描く. 説明変数, あるいは入力を X 軸に, 値を予測する変数は Y 軸にとる.

最小 2 乗による回帰直線は, 散布図のそれぞれの点からの垂直距離の 2 乗和が最小となるような直線である. つまり, n 個の観測値 (x,y) が散布図上にあり, 観測値 (x_i, y_i) について直線 $y = \alpha + \beta x$ を x_i で評価した値を y_i' とすると, 最小 2 乗回帰線は

$$\sum_i (y_i - y_i')^2 = \sum_i (y_i - \alpha - \beta x_i)^2 \tag{1.18}$$

を最小化する直線である.

直線の傾き β と確率分布 $P(x,y)$ の関係を見るため, クラップスを 12 回行い, 表 1.6 のような結果となったとする. 表 1.6 のデータを使い, サイコロ 1 の目 X から合計 Y を予測したいとすると, 図 1.3 の散布図を使う. このクラップ

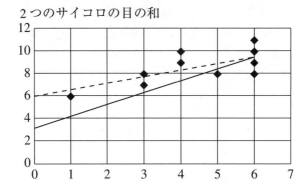

図 1.4 表 1.6 の結果による散布図. サイコロ 1 の値を x 軸に，2 つのサイコロの目の和を y 軸にとった. 破線はデータにもっともよく当てはまる直線. 実線は母回帰直線.

スの例での最小 2 乗回帰線は図 1.4 に示されている．ここで使われた標本による回帰線は，必ずしも母集団による回帰線とは一致しない．母集団とは，標本の大きさが無限大になったものを指す．図 1.4 の実線が理論上の最小 2 乗直線

$$y = 3.5 + 1.0x \tag{1.19}$$

である．破線は標本による最小 2 乗直線で，標本分散のため傾きも切片も理論値と異なる．

図 1.4 において，母回帰線は既知である．なぜなら，1 つめのサイコロの目が x であるという条件の下での 2 つのサイコロの目の和の期待値は計算できるからである．計算は

$$E[Y|X=x] = E[サイコロ 2 + X|X=x]$$
$$= E[サイコロ 2] + x = 3.5 + 1.0x$$

のように簡単である．

この結果は驚くべきことではない．2 つのサイコロの目の和 Y は

$$Y = X + Z$$

と書くことができる．ここに Z はサイコロ 2 の目である．X が 1 つ増加する，たとえば $X = 3$ から $X = 4$ になったとすると，$E[Y]$ も 1 つ増加するのは理

にかなっている．ここでしかし読者は，逆は成り立たないことに驚くかもしれない．X を Y に回帰した結果において，傾きは 1 とはならないのである．これを理解するには

$$E[X|Y=y] = E[Y-Z|Y=y] = 1.0y - E[Z|Y=y] \qquad (1.20)$$

において，最後の $E[Z|Y=y]$ は y に (線形) 依存するので，傾きは 1 よりも小さくなるのである．実際 $E[X|Y=y]$ は対称性

$$E[X|Y=y] = E[Z|Y=y]$$

を利用し，式 1.20 に代入することにより，

$$E[X|Y=y] = 0.5y$$

と計算することができる．このような簡単な式になることの理由は，Y が 1 増加するとき，X と Z は平均して同じ程度この増加に関わるからである．これは直観と一致する．2 つのサイコロの目の和が $Y=10$ であるとき，ベストな予測は $X=5$，$Z=5$ であろう．

一般に，Y を X に回帰した式を

$$y = a + bx \qquad (1.21)$$

と書く．傾き b は R_{YX} と表され，共分散 σ_{XY} を使って以下のように書ける．

$$b = R_{YX} = \frac{\sigma_{XY}}{\sigma_x^2} \qquad (1.22)$$

この式から，Y を X に回帰したときと，X を Y に回帰したときで傾きが異なるかもしれないことは明らかである．つまり，ほとんどの場合 $R_{YX} \neq R_{XY}$ である．（X の分散と Y の分散が等しいときのみ $R_{YX} = R_{XY}$ となる．）回帰直線の傾きの値は，正，負，または零をとりうる．傾きが正の場合，X と Y は正の相関があるという．これは X の値が大きくなるにつれて Y も大きくなることを意味する．傾きが負の場合，X と Y は負の相関があるという．これは X の値が大きくなるにつれて Y は小さくなることを意味する．傾きが零の場合（水平な直線），X と Y に線形の相関関係はなく，X の値が分かったところでそれにより Y の値を，少なくとも線形により，予測することの助けにはならない．2 つの変数に，正であれ負であれ（あるいはそれ以外の）相関がある場合，それらは従属である．

1.3.11 重回帰

線形重回帰により，ある変数を他の複数の変数に回帰することもできる．たとえば，変数 X と Z を使って変数 Y の値を予測したい場合，Y を $\{X, Z\}$ に線形重回帰し，

$$y = r_0 + r_1 x + r_2 z \tag{1.23}$$

の回帰係数を推定する．この式は 3 次元座標空間における傾いた平面を表している．

Y を y 軸，X を x 軸，Z を z 軸に 3 次元散布図を描くことができる．そして，この散布図を xy 平面に平行な平面で何度も切ることにより断面図を得られる．これらの断面図はそれぞれ図 1.4 のような 2 次元散布図であり，それは傾き r_1 の回帰直線を持つ．yz 平面に平行な平面で切ると傾き r_2 の回帰直線が得られる．

Z を一定にしたときの Y の X についての傾きは偏回帰係数と呼ばれ，$R_{YX \cdot Z}$ と書く．図 1.1 にあるように，R_{YX} が正で $R_{YX \cdot Z}$ が負だということはあり得る．これは Simpson のパラドックスを表している．全体としては X と Y は正の相関があるが，第 3 の変数 Z の条件付きでは相関が負となるのだ．

偏回帰係数 (たとえば式 1.23 の r_1 と r_2) の計算には, 回帰分析において最も重要な結果の一つである定理を利用する．この定理は，Y を変数 $X_1, X_2, \ldots, X_k$ の線形結合および誤差項 ϵ で表したとき，

$$Y = r_0 + r_1 X_1 + r_2 X_2 + \cdots + r_k X_k + \epsilon \tag{1.24}$$

ϵ が変数 $X_1, X_2, \ldots, X_k$ それぞれと無相関であれば，つまり

$$Cov(\epsilon, X_i) = 0 \quad i = 1, 2, \ldots, k$$

であれば，$Y, X_1, X_2, \ldots, X_k$ の分布にかかわらず，最小 2 乗法により回帰係数を推定することができるというものである．この直交性がどのように役立つかを見るのに，2 つのサイコロの目の和が

$$Y = サイコロ 1 の目 + サイコロ 2 の目$$

であったときに $X =$ サイコロ 1 の目 を予測したいとする．これを

$$X = \alpha + \beta Y + \epsilon \tag{1.25a}$$

と書くことができる．ここでの目的は，推定可能な統計量を使ってαとβを見つけることである．一般性を失わず，$E[\epsilon] = 0$と仮定することができる．両辺の期待値をとることにより，

$$E[X] = \alpha + \beta E[Y] \tag{1.25b}$$

を得る．さらに，式1.25aの両辺をY倍し，期待値をとることにより

$$E[XY] = \alpha E[Y] + \beta E[Y^2] + E[Y\epsilon] \tag{1.26}$$

となる．直交性より$E[Y\epsilon] = 0$で，式1.25bと1.26は2つの未知数αとβを持つ2つの方程式となる．これをαとβについて解き，

$$\alpha = E[X] - E[Y]\frac{\sigma_{XY}}{\sigma_Y^2}$$

$$\beta = \frac{\sigma_{XY}}{\sigma_Y^2}$$

を得る．傾きβは式1.22でXとYを入れ替えることにより簡単に得ることもできるが，以上の導出は2次元またはそれより高次の空間での傾きを計算する一般的な方法である．

たとえば，2つの観測値XとYにより，Zを予測しようとする問題を考える．前と同様，回帰関数は

$$Z = \alpha + \beta_Y Y + \beta_X X + \epsilon$$

と書けるが，ここでα, β_Y, β_Xを解く3つの方程式を得るのに，両辺をXおよびY倍し，期待値をとる．直交性$E[\epsilon Y] = E[\epsilon X] = 0$を使い方程式を解くと

$$\beta_Y = R_{ZY \cdot X} = \frac{\sigma_X^2 \sigma_{ZY} - \sigma_{ZX}\sigma_{XY}}{\sigma_Y^2 \sigma_X^2 - \sigma_{YX}^2} \tag{1.27}$$

$$\beta_X = R_{ZX \cdot Y} = \frac{\sigma_Y^2 \sigma_{ZX} - \sigma_{ZY}\sigma_{YX}}{\sigma_Y^2 \sigma_X^2 - \sigma_{YX}^2} \tag{1.28}$$

となる．

式1.27と1.28は一般解である．つまり，回帰係数$R_{ZY \cdot X}$と$R_{ZX \cdot Y}$はど

のような3変数の場合にも分散，共分散を用いて計算することができる．したがって，これらの傾きについて，他のパラメターの感度が分かる．実際には，回帰直線の傾きは効率的な"最小2乗"アルゴリズムによって観測データから推定されるので，このような数式を暗記する必要はまずない．例外の一つとしては，データを集める前に，これらの傾きのどれか1つでも0であるかどうかを予測する場合がある．この予測は，目的が何であれ，どの独立変数を回帰に使うかを考える際に重要となる．これについては3.8節で論じるように，因果グラフを使うことにより効率的に行うことができる．

練習問題 1.3.9

(a) 式 1.22 を直交性により証明せよ．ヒント：式 1.26 のやり方が参考になる．

(b) 練習問題 1.3.8 のクラップスにおける以下の偏回帰係数をすべて答えよ．

$$R_{YX \cdot Z}, \quad R_{XY \cdot Z}, \quad R_{YZ \cdot X}, \quad R_{ZY \cdot X}, \quad R_{XZ \cdot Y}, \quad R_{ZX \cdot Y}$$

ヒント：練習問題 1.3.8(a) で計算した分散，共分散を式 1.27 に当てはめるとよい．

1.4 グラフ

Simpson のパラドックスの教訓は，データのみをもとにして因果の判断をすることはできない，データの裏にあるストーリーを考慮しなければならないということである．本節では，このようなデータの裏にあるストーリーを記述する数学的言語，グラフ理論について述べる．グラフ理論は一般的な高校数学では教わらないが，代数の問題を解くときのような簡単な処理で因果の問題を扱うことができる便利な数学の言語である．

グラフという言葉は世間一般ではさまざまなタイプの視覚的なツールを指し，ほとんどの場合はチャートという言葉と同義であろう．しかし数学においては，グラフという物体には正式な定義がある．数学でのグラフとは，頂点（本書ではノードと呼ぶ）と辺の集合体である．辺はノードとノードを連結する（または連結しない）．図 1.5 に簡単なグラフを示す．点 X, Y, Z はノードであり，線 A と B は辺である．

```
      A      B
  •———————•———————•
  X       Y       Z
```

図 1.5 無向グラフ．ノード X と Y は隣接している．ノード Y と Z も隣接している．X と Z は隣接していない．

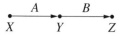

図 1.6 有向グラフ．ノード X は Y の親．ノード Y は Z の親である．

2つのノードの間に辺が存在するとき，それらのノードは隣接しているという．図 1.5 において，X と Y は隣接している．Y と Z も隣接している．グラフにおいて，どの2つのノードの間にも辺がある場合，このグラフは完全であるという．

ノード X と Y の間の道（パス）とは，X から始めて辺を伝いながら Y にたどりつくような一連のノードのことを指す．たとえば，図 1.5 では，X と Y は連結し，Y と Z も連結しているので X から Z への道がある．

グラフにおいて辺は有向の場合と無向の場合とがある．図 1.5 の辺はどちらも"始点"と"終点"がないので無向である．一方有向辺は1つのノードから別のノードに向いた矢線により向きを示す．すべての辺が有向なグラフのことを有向グラフと呼ぶ．有向グラフの例を図 1.6 に示す．A は X から Y への有向辺，B は Y から Z の有向辺である．

有向辺の始点を終点の親と呼ぶ．逆に終点を始点の子と呼ぶ．図 1.6 において，X は Y の親であり，Y は Z の親である．また Y は X の子であり，Z は Y の子である．2つのノードをつなぐ道を矢線を伝ってたどることができるとき，つまり，道上のノードで，2つの有向辺がともに入ってくるようなノードや，2つの有向辺がともに出ていくようなノードがない場合，これを有向道という．2つのノードが有向道で連結されている場合，最初のノードは道上のすべてのノードの先祖で，すべてのノードは最初のノードの子孫である．（これは親ノードや子ノードの類推であると考えるとよい．親は子の，孫の，曾孫の先祖である．）たとえば，図 1.6 において，X は Y と Z の先祖であり，Y と Z はともに X の子孫である．

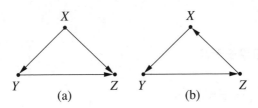

図 1.7　(a) 非巡回的グラフと (b) 巡回的グラフ.

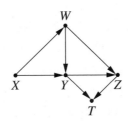

図 1.8　練習問題 1.4.1 で用いる有向グラフ.

有向道があるノードからスタートしてそれ自身に戻ってくるとき，その道（とグラフ）は巡回的であるという．巡回閉路のないグラフは非巡回的であるという．たとえば，図 1.7(a) のグラフは非巡回的である．しかし図 1.7(b) のグラフは巡回的である．図 1.7(a) では，自分自身に戻ってくるような有向道を持つノードはないのに対し，図 1.7(b) では，たとえば X から X のように，自分自身に戻るような有向道が存在する．

練習問題 1.4.1　図 1.8 について考える.
 (a) Z の親をすべて答えよ.
 (b) Z の先祖をすべて答えよ.
 (c) W の子をすべて答えよ.
 (d) W の子孫をすべて答えよ
 (e) X と T の間の（単純）道をすべて描け．（同じノードを 2 度以上使ってはならない.）
 (f) X と T の間の有向道をすべて描け.

1.5 構造的因果モデル

1.5.1 因果の仮定をモデルする

因果関係を厳密に扱うためには，データセットにある因果のストーリーについての仮定を正式に記述する方法が必要である．このために，構造的因果モデル（SCM: Structural Causal Model）を導入する．これは世界についての重要な特徴と，それらがどのように関連しているかを記述する方法である．

正式には，構造的因果モデルは変数の集合 U と V，また，モデル内の他の変数の値によって V のそれぞれの変数の値を決定する関数の集合 f からなる．ここで，以前約束したように，因果の定義をする．Y の値を決定する関数に X が使われているとき，X は Y の直接原因であるという．X が Y の直接原因であるか，または Y の原因の直接原因であるとき，X は Y の原因であるという．

集合 U にある変数は外生である．つまり，大雑把には，これらの変数は，モデルの外部に存在する．何らかの理由により，これらの変数がどのようにして発生するかは説明されないようなものである．集合 V に含まれる変数は，内生である．モデルに使う内生変数は，少なくとも 1 つの外生変数の子孫になっている．外生変数は，他の変数の子孫であってはならない．特に，内生変数の子孫であってはならない．外生変数には先祖は存在せず，グラフにおいては源点として示される．すべての外生変数の値が分かれば，関数 f により，どの内生変数の値も正確に決定される．

たとえば，ある処置 X と，喘息患者の肺機能 Y との因果関係について研究したいとする．Y は大気汚染の度合いを表す変数 Z にも依存する，つまり Z は Y の原因になっていると仮定するかもしれない．この場合，X と Y は内生であり，Z は外生である．なぜなら，大気汚染は外部要因である，つまりそれぞれの患者についての処置や肺機能が大気汚染の原因となっているはずはないからである．

それぞれの SCM には対応するグラフィカル因果モデルが存在する．グラフィカル因果モデルを略してグラフィカルモデル，あるいは単にグラフと呼ぶこと

1.5 構造的因果モデル

もある．グラフィカルモデルは集合 U および V に含まれる変数を表すノード，そして関数 f を表すようにノードをつなぐ辺からなっている．SCM M についてのグラフィカルモデル G には，M に含まれるそれぞれの変数について1つのノードがある．また，M において X を得るのに使われる関数 f_X が Y を変数に持つ場合（X が Y に依存する場合），G においては，Y から X への有向辺がある．本書においては，主にグラフィカルモデルが非巡回的有向グラフ（DAG: directed acyclic graph）であるような SCM を扱うこととする．SCM とグラフィカルモデルとの関係をもとに，因果関係をグラフにおいても定義することができる．グラフィカルモデルにおいて，X が Y の子であるならば，Y は X の直接原因である．X が Y の子孫であるならば，Y は X の原因である可能性がある．（本書の第2章で論じるように，まれに Y が X の原因でない非推移的なケースがある）

このようにして因果モデルとグラフは因果の仮定を符号化する．たとえば，以下のシンプルな SCM を考えてみる．

SCM 1.5.1（教育レベルと職務経験による給料）

$$U = \{X, Y\}, \quad V = \{Z\}, \quad F = \{f_Z\}$$
$$f_Z : Z = 2X + 3Y$$

このモデルは，X 年間の教育を修了し，Y 年の職務経験のある従業員に会社が支払う給料（Z）を表す．X と Y はともに f_Z に現れているので，X と Y は Z の直接原因である．もし X と Y に先祖があれば，これら先祖も Z の原因である可能性がある．

SCM 1.5.1 についてのグラフィカルモデルを図 1.9 に示す．

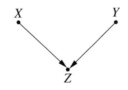

図 1.9 SCM 1.5.1 のグラフィカルモデル．X は就学年数，Y は職務経験，Z は給料である．

Z と X, また Z と Y の間に辺があることにより, グラフィカルモデルを見るだけでこのモデルには X と Y によって Z の値を決める関数 f_Z がある, したがって, X と Y は Z の原因であるということが分かる. しかし, SCM の完全な詳細なしには, グラフのみから Z を決定する関数が何なのか, つまり X と Y がどのように Z に影響しているのかは分からない.

グラフィカルモデルの情報量が SCM より少ないのであれば, なぜこのようなものを利用するのであろうか. いくつかの理由が考えられる. まず, 研究者が因果関係に関して持っている知識というのは, 通常 SCM で必要とされる定量的な知識ではなく, グラフィカルモデルで表されるような定性的な知識である. 性別が身長の原因であり, その身長がバスケットボールの上手い下手の原因になっていると即座に分かるが, これらの因果関係を数字を使って表すよう言われるとためらってしまう. グラフを描く代わりに, 以下のように SCM を部分的に記述することもできる.

SCM 1.5.2（身長と性別をもとにしたバスケットボールの成績）

$V = \{$ 身長, 性別, 成績 $\}$, $U = \{U_1, U_2, U_3\}$, $F = \{f_1, f_2\}$

性別 $= U_1$

身長 $= f_1(\text{性別}, U_2)$

成績 $= f_2(\text{身長}, \text{性別}, U_3)$

ここに, $U = \{U_1, U_2, U_3\}$ は測定されていないしいちいち名前をつけたりしないが, V に属する変数に影響を与えるような要因を表す. U の要素は誤差項あるいは省略変数などとも呼ばれる. これらは観測される変数の原因のうち未知でランダムな外生要因を表す.

グラフィカルモデルを利用すれば, このような部分的に記述された SCM よりも直観的に因果関係を理解することができる. 前ページの SCM 1.5.1 とそのグラフィカルモデルを考える. SCM とグラフィカルモデルは同じ情報を持っている, つまり, X は Z の原因であり, Y は Z の原因であるということをともに表してはいるが, グラフィカルモデルを見た方がその情報を素早く簡単に確認することができる.

練習問題 1.5.1 以下の SCM を考える．外生変数はすべて独立，また平均 0 であることとする．

SCM 1.5.3

$$V = \{X, Y, Z\}, \quad U = \{U_X, U_Y, U_Z\}, \quad F = \{f_X, f_Y, f_Z\}$$

$$f_X : X = U_X$$
$$f_Y : Y = \frac{X}{3} + U_Y$$
$$f_Z : Z = \frac{Y}{16} + U_Z$$

(a) このモデルに対応するグラフを描け．
(b) $Y = 3$ が観測されたとき，Z の期待値を求めよ．
(c) $X = 3$ が観測されたとき，Z の期待値を求めよ．
(d) $X = 1$ と $Y = 3$ が観測されたとき，Z の期待値を求めよ．
(e) 外生変数はすべて平均 0，分散 1（$\sigma = 1$）の正規分布に従うとする．
　(i) $Y = 2$ が観測されたとき，X の期待値を求めよ．
　(ii)（発展問題）$X = 1$ と $Z = 3$ が観測されたとき，Y の期待値を求めよ．
　　ヒント：重回帰分析を使うとよい．また，X, Y, Z が正規分布に従うとき，$E[Y|X = x, Z = z] = R_{YX \cdot Z} x + R_{YZ \cdot X} z$ である．

1.5.2 因数分解

グラフィカルモデルにはもう一つの利点がある．同時分布を非常に効率的に記述することができるのである．これまで本書では，同時分布を 2 つの方法で書いてきた．まずは表を使い，可能な値の組み合わせすべてに確率を与えた．このような解析は容易に行えるように感じるが，変数の数が多いと，必要なスペースが大きくなりすぎ，実行不可能となる．10 個の 2 値変数の場合，1024 行も必要となる．

次に，完全に記述された SCM においては，n 変数の同時分布を効率的に表すことができる．変数間の関係を表す n 個の関数を指定するだけでよいのである．この方法により，誤差項の確率から始め，同時分布を表すすべての確率を求めることができる．しかし，いつでもモデルを完全に記述することができる

とは限らない．ある変数が別の変数の原因になっていることは分かっても，その関係を記述する式は分からないかもしれない．また誤差項の分布が分からない場合もある．これらのことが既知であっても，それを記述することは言うはやすしであるかもしれない．特に離散変数の場合や，関数の式がよくある形をしていない場合などでは簡単ではない．

幸いなことに，グラフィカルモデルを使うことにより，以上のような困難を解決することができる．それには以下の法則を使う．

逐次的因数分解の法則

グラフが非巡回的であるモデルにおいては，変数の同時分布は条件付き確率分布 $P(子|親)$ をグラフの"家族"について順次掛け合わせることにより得られる．正式には，この法則は

$$P(x_1, x_2, \ldots, x_n) = \prod_i P(x_i | pa_i) \tag{1.29}$$

と書くことができる．ここに，pa_i は変数 X_i の親の変数の値であり，また $\prod_i$ は 1 から n まですべての i の値について掛け合わせたものである．式 1.29 の関係は変数間に例外なく成り立つ独立性によるものである．これについては次章において詳しく論じる．

たとえば，シンプルな連鎖グラフ $X \to Y \to Z$ において直接，

$$P(X=x, Y=y, Z=z) = P(X=x)P(Y=y|X=x)P(Z=z|Y=y)$$

と書くことができる．

この法則により，同時分布を記述する際に膨大なスペースを節約することができる．すべての可能な (x, y, z) の組み合わせについての確率を表示するような表を作る必要はない．それよりもずっと小さな X, $(Y|X)$, $(Z|Y)$ の 3 つの表を作成し，後は必要に応じて積を求めればよいのである．

上記のモデルより作られたデータセットから同時分布を推定するのに，すべての変数の組み合わせの頻度を数える必要はない．x, $(y|x)$, $(z|y)$ についての頻度を数えて，掛け算をすればよいのだ．モデルが大きい場合には処理時間がおおいに節約できる．またこの方法により，頻度を数える際の正確さも充分向上することができる．以上のように，グラフに含まれる仮定により，"高次元"

の推定問題をいくつかの"低次元"の問題に置き換えることができるのだ．グラフはしたがって推定の問題を簡単にし，そして同時により正確な推定を可能にする．SCMのグラフの構造が分からない場合，変数の数が多く，データの数が少ない，または中程度であると推定が不可能になってしまう．つまり次元の呪いが問題となる．

　グラフィカルモデルを使うことにより，変数の関係を表す関数，その係数，または誤差項の分布などを必ずしも知らなくても以上のようなことを実行することができる．

　この方法によりどれほどの時間と空間が節約できるかを示す例を，あまり厳密ではないが，以下に示す．まず，連鎖経路 $X \to Y \to Z \to W$ を考える．X は曇り否か，Y は雨か否か，Z は道が濡れているか否か，W は道が滑りやすいか否かを表す変数とする．

　読者が自身の経験をもとに，P(曇り，降雨なし，道は乾いている，道は滑りやすい) $= 0.23$ がどれほどもっともらしいと判断するであろうか．

　これは率直に言ってたいへん難しい問題である．しかし乗法定理を使うことにより，小さく分けることができる．

P(曇り)P(降雨なし|曇り)P(道は乾いている|降雨なし)P(道は滑りやすい|道は乾いている)

　一般的な感覚から言うと，P(曇り) は比較的高い確率，0.5 くらいであろうか（ロサンゼルスのように気候の変化のない奇妙な場所に住んでいる方の場合はもっと低いであろう）．同様に，P(雨なし|曇り) もかなり高いであろう．0.75 くらいであろうか．さらに P(道が乾いている|雨なし) はさらに高い確率であろう．0.9 くらいにしておく．しかし P(道が滑りやすい|道は乾いている) はかなり低いであろう．おそらく 0.05 くらいであろう．これらを合わせると，大雑把な予測として $0.5 \times 0.75 \times 0.9 \times 0.05 = 0.0169$ となる．

　本書ではしばしばこの乗法定理を用いて確率の数字を処理することとし，確率について大きな表を使うことを避ける．

　この乗法定理は，推定の際に特に重要となる．実は，統計学の大きな役割は，適切なデータセットを使って必要な正確さで確率を推定できるような，効果的なサンプリングデザインと推定法にある．連鎖経路 $X \to Y \to Z \to W$ に

おいて $P(X,Y,Z,W)$ を推定する例をもう一度考える．しかし今度は主観的判断ではなく，データに基づいて確率を推定することにする．確率を割り当てる (x,y,z,w) の組の数は $16-1=15$ である．ベクトル (x,y,z,w) の形をした観測値が 45 個得られたとする．この場合平均的には，それぞれの (x,y,z,w) のセルにはおよそ 3 つの観測値が存在する．1 つまたは 2 つしか観測値のないセルもあるし，まったく観測値のないセルもあろう．それぞれのセルに充分な数の標本が存在し，母集団における頻度（つまり標本が無限大になったとき）を評価することができるとは考えにくい．

しかしここで乗法定理を使うと，45 個の標本はもっと大きなカテゴリーに分類される．$P(x)$ を決定するのには，標本はただ 2 つのカテゴリー $(X=1)$ または $(X=0)$ のどちらかに属する．どちらかのカテゴリーが空集合になる確率はかなり低いであろう．また，母集団での頻度を推定する精度はかなり高いであろう．同様なことが他の確率を求める場合の分割カテゴリーにもいえる．$P(y|x)$ を求めるには $(Y=1, X=1), (Y=0, X=1), (Y=1, X=0), (Y=0, X=0)$，$P(z|y)$ を求めるには $(Z=1, Y=1), (Z=0, Y=1), (Z=1, Y=0), (Z=0, Y=0)$，$P(w|z)$ を求めるには $(W=1, Z=1), (W=0, Z=1), (W=1, Z=0), (W=0, Z=0)$ のカテゴリーをそれぞれ考えればよい．このように分割することにより，もともとの 15 分割よりも正確な頻度を得ることができる．ここで，SCM のグラフの構造，そしてその結果可能になった正確な頻度推定により，問題が簡単になったのは明白である．

グラフによって得られる質的な見識の用途はこれだけではない．次節で見るように，グラフィカルモデルは一目見ただけで明らかなこと以上の情報をもたらす．因果ストーリーのグラフィカルモデルのみを利用して，データセットについて多くを知り，また多くを推測することができる．

練習問題 1.5.2 患者の母集団のうち，割合 r は死に至る症状 Z を持つ．そしてこの症状 Z のため，延命効果のある薬 X を飲むと気持ち悪くなる（図 1.10）．$Z=z_1$，$Z=z_0$ はそれぞれ症状のあるなし，$Y=y_1$，$Y=y_0$ は死と生存，そして $X=x_1$，$X=x_0$ は薬を飲んだか否か，をそれぞれ表すとする．症状のない患者，つまり $Z=z_0$ の患者は，薬を飲まないと確率 p_1 で死亡し，薬を飲むと確率 p_2 で死亡する．症状の

1.5 構造的因果モデル

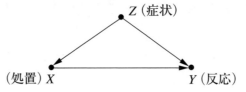

図 1.10 観測されない症状 Z が処置 X と反応 Y に影響を与えるモデル．

ある患者，つまり $Z = z_1$ の患者は，薬を飲まないと確率 p_3 で死亡し，薬を飲むと確率 p_4 で死亡する．さらに，症状のある患者は薬を避ける傾向にあり，薬を飲む確率をそれぞれ $q_1 = P(x_1|z_0)$, $q_2 = P(x_1|z_1)$ とする．

(a) このモデルにおいて，同時分布 $P(x, y, z), P(x, y), P(x, z), P(y, z)$ をパラメーター $(r, p_1, p_2, p_3, p_4, q_1, q_2)$ を用いて，すべての x, y, z について計算せよ．ヒント：1.5.2 項の逐次的因数分解を使うとよい．

(b) 以下の 3 つの母集団について，差 $P(y_1|x_1) - P(y_1|x_0)$ を計算せよ．(1) 症状のある患者，(2) 症状のない患者，(3) 患者全体．

(c) 上問 (b) の結果より，Simpson のパラドックスを示すようなパラメーターの組み合わせを答えよ．

練習問題 1.5.3 2 値確率変数のグラフ $X_1 \to X_2 \to X_3 \to X_4$ について，隣接する変数の条件付き確率を

$$P(X_i = 1|X_{i-1} = 1) = p$$
$$P(X_i = 1|X_{i-1} = 0) = q$$
$$P(X_1 = 1) = p_0$$

とする．このとき以下の確率を求めよ．

$$P(X_1 = 1, X_2 = 0, X_3 = 1, X_4 = 0)$$
$$P(X_4 = 1|X_1 = 1)$$
$$P(X_1 = 1|X_4 = 1)$$
$$P(X_3 = 1|X_1 = 0, X_4 = 1)$$

練習問題 1.5.4 Monty Hall 問題に対応する構造モデルを定義せよ．これを使い，す

べての変数の同時分布を示せ．

参考文献

Simpson のパラドックスに関する網羅的説明は Pearl 2009, pp. 174–182 に詳しい．またこの論文は，因果についての議論なしにこのパラドックスを解決しようとする統計学者の試みについても述べている．統計学の教官向きのより新しい説明は Pearl 2014b にある．多くの確率論入門の教科書のうち，第 1 章で使われたベイジアン的見解に近いのは，Lindley 2014, Pearl 1988, 第 1 章と 2 章などである．Selvin 2004, Moore et al. 2014 の教科書は，パラメター推定，仮説検定，回帰分析など古典的統計学のたいへん優れた入門書である．

1.3 節の Monty Hall 問題は確率論の入門書で数多く扱われており（たとえば Grinstead and Snell 1998, p. 136, Lindley 2014, p. 201），この問題は数学的には Pearl 1988, pp. 58–62 にある"3 囚人のジレンマ"と同値である．グラフィカルモデルの分かりやすい導入については Elwert 2013, Glymour and Greenland 2008 など，あるいはより上級な教科書 Pearl 1988, 第 3 章, Lauritzen 1996, Koller and Friedman 2009 などに詳しい．1.5.2 項の逐次的因数分解の法則は Howard and Matheson 1981, Kiiveri et al. 1984 で使われ，非巡回的有向グラフが確率に関する（必ずしも因果に関するものではない）情報を表すという意味でベイジアンネットワーク（Pearl 1985）の基礎となっている．ベイジアンネットワークの推論と応用については Darwiche 2009, Fenton and Neil 2013, Conrady and Jouffe 2015 などを参照されたい．構造的因果モデルにおける逐次的因数分解の法則の有効性は Pearl and Verma 1991 による．

2 グラフィカルモデルとその応用
Graphical Models and Their Applications

2.1 モデルとデータの関係

　第1章では，確率，グラフ，構造方程式を互いに関連のない数学的オブジェクトとして紹介し，それらの関連については論じていない．しかし，これら3つは密接に関係している．本章では，確率論では数式で定義されている独立性の概念が非巡回的有向グラフ（DAG）で視覚的に表現できることを示す．さらに，このグラフにより，構造方程式モデルに隠されている確率的情報をとらえることができる．

　結果的に，構造方程式モデルの形で科学的知識を持つ研究者は，数式や誤差項の分布などの定量的情報によることなく，モデルのグラフの構造のみによってデータに存在する独立関係を知ることができる．逆に，データに独立関係が観測された場合，仮定されたモデルが正しいかどうか判断することができる．最終的には第3章で論じることになるが，グラフの構造とデータを合わせて見ることにより，介入の量的効果を，実際に介入することなく計算することができるようになる．

2.2 連鎖経路と分岐経路

　これまでのところ，因果モデルとはデータにある因果ストーリーを表現したものであるとした．別の見方としては，因果モデルはデータがどのようにして生成されたかというメカニズムを表しているともいえる．因果モデルは宇宙の

中で対象としている部分についての青写真のようなものであり，これを利用することによって宇宙に関するデータをシミュレートすることができる．たとえば高校 2 年生の数学の点数についての完璧な因果モデルがあり，またモデルの外生変数の値がすべて手に入る場合，理論的にはどの高校生についてもデータ（テストの点数）を生成することができるはずである．このためには，ある学生のテストの点数に影響を与える要因をすべて明らかにしなければならないことになり，これはもちろん現実的には無理なことである．多くの場合，モデルについてここまで正確な知識は持ち得ない．その代わり，外生変数について確率分布が分かっているかもしれない．その場合，学生全体の，あるいは興味ある部分集合における分布を近似するような点数分布を得ることができるであろう．

しかし，ここで確率分布で記述された因果モデルさえも得られず，モデルのグラフの構造のみが分かるとしよう．どの変数が他のどの変数の原因になっているかは分かるが，その関係の性質や強さなどについては分からない．このように限られた情報の下でさえも，モデルによって生成されたデータについて非常に多くのことが分かる．完全には記述されていないグラフィカル因果モデル，すなわちどの変数が他のどの変数の関数であるかは分かっているがその関係を表す関数が具体的には分からないという場合，データに含まれるどの変数とどの変数が独立であるか，あるいはある変数の条件付きで独立であるかが分かる．これらの独立性は，因果モデルにおけるグラフの構造が同じであるならば，SCM を構成する個別の関数にかかわらず，そこから生成されたどのデータについても同様に成り立つ．

たとえば，以下の 3 つの SCM を考える．これらはすべて同じグラフィカルモデルとなる．まず最初の SCM はある年の高校の資金 (X)，SAT の平均スコア (Y)，そして大学進学率 (Z) の因果関係を表す．2 つめの SCM は照明のスイッチの状態 (X)，そのスイッチがある電気回路の状態 (Y)，そして照明の電球の状態 (Z) の因果関係である．3 つめの SCM は徒競走の参加者に関するものである．参加者が毎週何時間勤務先で働いているか (X)，参加者が毎週トレーニングに費やす時間 (Y)，そして徒競走の結果 (Z) を分で表したものの因果関係である．以上 3 つのモデルどれにおいても，外生変数 (U_X, U_Y, U_Z) は内生変数の関係に影響を与えるかもしれない未知の，そしてランダムな効果

を表す.特に,SCM 2.2.1 と SCM 2.2.3 においては,U_Y と U_Z は個人差を表す加法的な要因である.SCM 2.2.2 においては,U_Y と U_Z は観測されていない何らかの異常があるときに 1,そうでないときは 0 をとる.

SCM 2.2.1(学校の資金,SAT スコア,大学進学率)

$$V = \{X, Y, Z\}, \quad U = \{U_X, U_Y, U_Z\}, \quad F = \{f_X, f_Y, f_Z\}$$

$$f_X : X = U_X$$

$$f_Y : Y = \frac{x}{3} + U_Y$$

$$f_Z : Z = \frac{y}{16} + U_Z$$

SCM 2.2.2(スイッチ,回路,電球)

$$V = \{X, Y, Z\}, \quad U = \{U_X, U_Y, U_Z\}, \quad F = \{f_X, f_Y, f_Z\}$$

$$f_X : X = U_X$$

$$f_Y : Y = \begin{cases} \text{回路は閉じている} & (X = \text{Up} \text{ かつ } U_Y = 0) \text{ または} \\ & (X = \text{Down} \text{ かつ } U_Y = 1) \text{ の場合} \\ \text{回路は開いている} & \text{その他の場合} \end{cases}$$

$$f_Z : Z = \begin{cases} \text{点灯} & (Y = \text{閉じている} \text{ かつ } U_Z = 0) \text{ または} \\ & (Y = \text{開いている} \text{ かつ } U_Z = 1) \text{ の場合} \\ \text{消灯} & \text{その他の場合} \end{cases}$$

SCM 2.2.3(勤務時間,トレーニング,徒競走のタイム)

$$V = \{X, Y, Z\}, \quad U = \{U_X, U_Y, U_Z\}, \quad F = \{f_X, f_Y, f_Z\}$$

$$f_X : X = U_X$$

$$f_Y : Y = 84 - x + U_Y$$

$$f_Z : Z = \frac{100}{y} + U_Z$$

SCM 2.2.1–2.2.3 のグラフィカルモデルはどれも図 2.1 となる.SCM 2.2.1 と 2.2.3 は連続型変数を扱っているのに対し,SCM 2.2.2 はカテゴリー型変数を扱っている.2.2.1 の変数間の相関はすべて正の関係である.(親の変数の値が

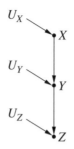

図 2.1　SCM 2.2.1–2.2.3 のグラフィカルモデル.

大きいほど，子の変数の値も大きくなる．）2.2.3 の変数間の相関はすべて負の関係である．（親の変数の値が大きいほど，子の変数の値は小さくなる．）2.2.2 での変数間の相関は線形ではなく，論理型である．これらの SCM にある関数のうちどの 2 つをとっても同じものはない．しかし，グラフの構造が同じであることから，これら 3 つはすべて同様の独立性を有する．そしてその独立性は単に図 2.1 のグラフィカルモデルを考察することにより判定することができる．これら 3 つの SCM により生成されたデータセットが示す独立性，およびこれら SCM がおそらく有するであろう従属性は以下である．

1. Z と Y はおそらく従属である．
   $P(Z = z | Y = y) \neq P(Z = z)$ となる z, y が存在する．
2. Y と X はおそらく従属である．
   $P(Y = y | X = x) \neq P(Y = y)$ となる y, x が存在する．
3. Z と X はおそらく従属である．
   $P(Z = z | X = x) \neq P(Z = z)$ となる z, x が存在する．
4. Z と X は，Y の下で条件付き独立である．
   すべての x, y, z について $P(Z = z | X = x, Y = y) = P(Z = z | Y = y)$．

これらの独立性，従属性が成り立つことを理解するのに，グラフィカルモデルを考察する．まず，どの 2 つの変数もその間に辺があればおそらく従属であることを確認する．ある変数から別の変数に矢線があるということは，1 つめの変数が 2 つめの変数の原因となっていることを示している．つまり，1 つめの変数は 2 つめの変数を決定する関数の一部となっている．したがって，2 つ

めの変数の値は1つめの変数の値に依存する．1つめの変数の値を変えると，2つめの変数の値が変わる場合がある．これにより，データセットの変数を吟味した場合に，1つ目の変数の値が与えられた下では，2つ目の変数がある値をとる確率はおそらく変わる．つまり，通常の因果モデルにおいて，辺によってつながっている2つの変数は，その関係がどうであれ従属である．以上の理由により，SCM 2.2.1–2.2.3 において，Z と Y はおそらく従属，Y と X もおそらく従属であることが分かる．[*1)]

これら2つの事実より，Z と X はおそらく従属であるといえる．Z が Y に依存し，Y が X に依存しているのであれば，Z は X に依存しているであろう．まれにそうでないケースもある．たとえば，以下の SCM も図 2.1 のグラフを持つ．

SCM 2.2.4（非推移的となる特異な例）

$$V = \{X, Y, Z\}, \quad U = \{U_X, U_Y, U_Z\}, \quad F = \{f_X, f_Y, f_Z\}$$

$$f_X : X = U_X$$

$$f_Y : Y = \begin{cases} a & X = 1 \text{ かつ } U_Y = 1 \text{ の場合} \\ b & X = 2 \text{ かつ } U_Y = 1 \text{ の場合} \\ c & U_Y = 2 \text{ の場合} \end{cases}$$

$$f_Z : Z = \begin{cases} i & Y = c \text{ または } U_Z = 1 \text{ の場合} \\ j & U_Z = 2 \text{ の場合} \end{cases}$$

この場合，U_Y と U_X がどのような値であっても，X は Z に何の影響も及ぼさない．X の変化は，Y の値が a になるか b になるかに関係している．しかし，Y の値が c とならない限り，Z には影響しない．したがって，X と Z はこのモデルにおいて独立である．このようなケースを非推移的と呼ぶ．

しかし，非推移的ケースは，実際の例のうち，ごく少数に過ぎない．ほとん

[*1)] たとえば，X と U_Y が正常なコインで，$X = U_Y$ と $Y = 1$ が同値であるとする．このとき $P(Y = 1|X = 1) = P(Y = 1|X = 0) = P(Y = 1) = 1/2$ である．このような特殊なケースは独立性を得るのに特別な確率（この場合 $P(X = 1) = P(U_X) = 1/2$）の組み合わせが必要で，このような例が起きることはまれであるから，実用上は無視してよい．

どの場合は，XとYが関連し，YとZが関連していれば同様に，XとZも関連している．つまり，これらはデータセットにおいて，おそらく従属である．

さてここで，4点目：ZとXはYの下で条件付き独立である，について考える．Yについて条件付きとは，Yの値についてデータをグループ分けすることであった．すなわち，$Y = a$の場合すべて，あるいは$Y = b$の場合すべて，などについて比べることになる．$Y = a$の場合を考えよう．この場合のみにおいてZの値はXの値と独立かどうかを知りたい．この前の議論では，XとZはおそらく従属であろうということであった．なぜなら，Xが変化すると，Yの値もおそらく変化し，Yの値が変化すると，Zの値もおそらく変化するからである．しかし，ここでは，$Y = a$である場合のみについて考えているため，異なるXの値を選ぶと，$Y = a$を満たすようにU_Yがそれに応じて変化する．しかしZはYとU_Zにのみ依存しており，U_Yには依存しないので，Zの値は変わらない．つまり，$Y = a$の場合，XとZは独立である．もちろんこれは他のどのYの値で条件付きにしても同様に正しい．したがって，Yの下でXとZは条件付き独立である．

ここで見たように，3つのノードと2つの辺があり，中央の変数に1つの辺が入ってきて，また別の辺がそこから出て行くような変数の構成を連鎖経路（chain）と呼ぶ．以上と同様の考え方により，グラフィカルモデルにおいて，ある2つの変数XとYの間の道がただ一つあり，それが連鎖経路である場合，XとYはその道上のどの変数についても条件付き独立である．この独立性は変数同士の関係を表す関数がどのようなものであれ成り立つ．これを以下に規則としてまとめる．

規則1（連鎖経路における条件付き独立性）　2つの変数XとYの間に有向道がただ一つあり，変数の集合Zがその道を遮断する場合，XとYはZの下で条件付き独立である．

ここで1つ重要なことがある．規則1は誤差項であるU_X, U_Y, U_Zが互いに独立の場合にのみ成り立つ．たとえば，もしU_XがU_Yの原因になっているような場合，Yの条件付きにしてもXとZは独立とはならない．なぜなら，Xの変化が誤差項を通じてYに関連しているかもしれないからである．

2.2 連鎖経路と分岐経路

さて，次に図 2.2 のグラフィカルモデルを考える．この構造は，たとえば，ある町におけるある日の気温を華氏で表したもの (X)，その日の地元のアイスクリーム屋の売上 (Y)，その日の暴力犯罪の発生件数 (Z) を表すとする．この場合の各変数の関係を関数で表したものを SCM 2.2.5 に示す．また，同じ構造が SCM 2.2.6 にあるように，スイッチが上がっているか下がっているかの状態 (X)，1 つめの電球が点いているか否かの状態 (Y)，2 つめの電球が点いているか否かの状態 (Z) という因果メカニズムを表すこともできる．外生変数 U_X, U_Y, U_Z は他の，おそらくランダムな，これらの電球やスイッチに影響を与えるような因子であると考えることができる．

SCM 2.2.5（気温，アイスクリームの売上，犯罪）

$$V = \{X, Y, Z\}, \quad U = \{U_X, U_Y, U_Z\}, \quad F = \{f_X, f_Y, f_Z\}$$
$$f_X : X = U_X$$
$$f_Y : Y = 4x + U_Y$$
$$f_Z : Z = \frac{x}{10} + U_Z$$

SCM 2.2.6（2 つの電球とスイッチ）

$$V = \{X, Y, Z\}, \quad U = \{U_X, U_Y, U_Z\}, \quad F = \{f_X, f_Y, f_Z\}$$
$$f_X : X = U_X$$

$$f_Y : Y = \begin{cases} \text{点灯} & (X = \text{Up} \text{ かつ } U_Y = 0) \text{ または} \\ & (X = \text{Down} \text{ かつ } U_Y = 1) \text{ の場合} \\ \text{消灯} & \text{その他の場合} \end{cases}$$

$$f_Z : Z = \begin{cases} \text{点灯} & (X = \text{Up} \text{ かつ } U_Z = 0) \text{ または} \\ & (X = \text{Down} \text{ かつ } U_Z = 1) \text{ の場合} \\ \text{消灯} & \text{その他の場合} \end{cases}$$

誤差項 U_X, U_Y, U_Z が独立していると仮定すると，図 2.2 のグラフィカルモデルにより，SCM 2.2.5 と 2.2.6 はともに以下の独立性，従属性があると分かる．

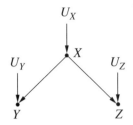

図 2.2 SCM 2.2.5 と 2.2.6 のグラフィカルモデル.

1. X と Y はおそらく従属である.
   $P(X = x|Y = y) \neq P(X = x)$ となる x, y が存在する.
2. X と Z はおそらく従属である.
   $P(X = x|Z = z) \neq P(X = x)$ となる x, z が存在する.
3. Z と Y はおそらく従属である.
   $P(Z = z|Y = y) \neq P(Z = z)$ となる z, y が存在する.
4. Y と Z は，X の下で条件付きで独立である.
   すべての x, y, z について $P(Y = y|Z = z, X = x) = P(Y = y|X = x)$.

1点目と2点目は，ここでもまた，Y と Z は X からの矢線が引いてあることから確認できる．したがって，X の値が変化すると，Y と Z の値も変化するであろう．ここからさらに，X が変化すると Y が変化し，また X が変化すると Z が変化するのであれば，Y と Z は（確かではないが）おそらく一緒に変化するであろう．したがって，Y が変化したという情報が，Z の値が変化したということに関係しているので，Y と Z はおそらく従属の関係にある．

それならなぜ Y と Z は X の条件付きで独立なのであろうか．X についての条件付けとはどういうことであったか．X の値に基づいてデータにフィルターをかけることであった．したがって，ここでは，X の値が一定である場合のみを比べる．X は変化しないのであるから，Y と Z について，X による変化は起きない．変化するとすれば，U_Y と U_Z によってのみ変化する．そして U_Y と U_Z は独立である．したがって，Y と Z についての変化があれば，それは独立しているはずである．

ここで見たように，3つのノードがあり，真ん中のノードから2つの矢線が

出ているような構成を分岐経路（fork）と呼ぶ．真ん中のノードは他の2つの変数の，そしてその子孫の共通の原因となっている．もし2つの変数に共通の原因があり，そしてその共通の原因が2つの変数の間の唯一の道の一部となっているなら，同様の論理により，上記の変数間の従属性や条件付き独立性が正しいと分かる．これをまた規則として示す．

規則2（分岐経路における条件付き独立性）　　変数 X が Y と Z の共通の原因で，Y と Z の間の道がただひとつ存在する場合，X の下で Y と Z は条件付き独立である．

2.3 合　流　点

　これまでのところ，2つの変数間に存在しうる道において，辺とノードの構成について2種類ほど見てきた．連鎖経路と分岐経路である．3つめの種類については，以上の2つにはなかった考察と困難が伴うため新たな節を設けて説明する．第3の構成は合流点（collider）ノードを含むものである．合流点とはあるノードが他の2つのノードから辺を受け取っている場合である．合流点を含む簡単なグラフィカルモデルを図2.3に示す．2つの原因 X と Y が共通の結果 Z を起こしている．

　どの因果グラフィカルモデルでもそうであるように，グラフが図2.3となるような SCM はどれでも同じ従属性と独立性を持ち，これはグラフィカルモデルのみで判断できる．図2.3のモデルの場合，U_X, U_Y, U_Z が独立であるとすると以下のことがいえる．

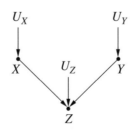

図 **2.3**　シンプルな合流点．

1. X と Z はおそらく従属である．

    $P(X=x|Z=z) \neq P(X=x)$ となる x, z が存在する．

2. Y と Z はおそらく従属である．

    $P(Y=y|Z=z) \neq P(Y=y)$ となる y, z が存在する．

3. X と Y は独立である．

    すべての x, y について $P(X=x|Y=y) = P(X=x)$．

4. X と Y は Z の下でおそらく条件付き従属である．

    $P(X=x|Y=y, Z=z) \neq P(X=x|Z=z)$ となる x, y, z が存在する．

最初の2点については2.2節で確認済みである．3点目は自明である；X も Y も互いの子孫または先祖関係にないし，また同一の変数に依存していない．X, Y はそれぞれ U_X, U_Y に依存しており，これらは独立している．したがって X の値の変化が Y の値の変化と関連しているとするような因果メカニズムは存在していない．この独立性は因果が時間軸上でどのように起きるかの理解とも一致している．2つの現在の事象が独立であれば，それらが単に将来同一の結果を起こすという理由で従属になったりはしない．

では，なぜ4点目が成り立つのであろうか．なぜ，2つの独立した変数が共通の結果について条件付けすると突然従属となるのであろうか．この問いに答えるには，条件付けとは，その変数の値によってフィルターすることであるという定義に戻って考えるとよい．Z についての条件付けとは，Z が同じ値の場合のみを比較するということである．しかし Z の値は X と Y に依存していることを思い出してほしい．つまり，Z がある値になる場合のみを比べるとなれば，X が変化した際にはそれに応じて Y も変化しなければならない．さもなくば Z の値も変わってしまう．

合流点ノードについて条件付けすることでノードの親同士が従属になるという性質の理由は最初は理解するのが難しいかもしれない．もっとも簡単な例として $Z = X + Y$ の場合を考える．X と Y が独立した変数であれば，もし $X = 3$ だと分かったところで，Y の値については何も分からない．なぜなら2つの変数は独立だからである．一方，$Z = 10$ だと分かっていれば，$X = 3$ から即座に Y が7であることが分かる．したがって，$Z = 10$ であるという条件で，X

と Y は従属である．

この現象を，実際の例を用いてさらに分かりやすく説明しよう．たとえば，ある大学が奨学金を2つのタイプの学生に対して給付しているとする．人並みはずれた音楽の才能を持つ学生と，人並みはずれた学業成績を持つ学生である．通常，音楽の才能と学業成績は独立であると考えることができるので，一般にある人が音楽の才能があるとしてもその人の成績については何も分からない．しかし，その人が奨学金を受けていることが分かれば話は別だ．その人に音楽の才能がないことが分かれば，それはすなわち，その学生の学業成績は優秀であろうことを意味する．周辺独立な2つの変数が，その2変数の結果となる第3の変数の値（奨学金）が判明したとたんに従属となるのである．

数値を使ったもう一つの例をあげよう．2つの独立したコインを投げて，少なくとも1つが表であった場合にベルが鳴ることとする．2つのコインの表裏をそれぞれ X, Y とし，Z でベルの状態を表す．$Z = 1$ はベルが鳴った状態，$Z = 0$ はベルが鳴らない状態とする．以上のしくみは，図 2.3 にある合流経路によって表すことができる．ここに，2つのコイントスの結果が親ノード，ベルの状態が合流点ノードにあたる．

コイン1が表であったとしても，コイン2については何も分からない．2つのコインは独立であるからだ．しかし，ベルの音が聞こえたとして，コイン1は裏だったとしよう．すると，コイン2は表であったに違いない．同様に，ベルが聞こえたとして，コイン1が表である確率は，コイン2が表であったかどうかによって変化する．このときの確率の変化は，前の場合よりも難しい．

後者の確率を計算するのに，表 2.1 の確率を考える．

$$P(X = 表|Y = 表) = P(X = 裏|Y = 裏) = \frac{1}{2}$$

であることが分かる．つまり，X と Y は独立である．ここで，$Z = 1$ と $Z = 0$

表 2.1　コイントスの確率．X はコイン 1，Y はコイン 2 の結果．少なくとも 1 つ表が出た場合に鳴るベルを Z で表す．

X	Y	Z	$P(X, Y, Z)$
表	表	1	0.25
表	裏	1	0.25
裏	表	1	0.25
裏	裏	0	0.25

（ベルが鳴るか否か）についての条件付き確率を計算し，結果を表2.2に示す．

表 2.2 表2.1の分布をもとにした条件付き確率．（上：$Z=1$ での条件付き確率．下：$Z=0$ での条件付き確率）

X	Y	$P(X,Y\|Z=1)$
表	表	0.333
表	裏	0.333
裏	表	0.333
裏	裏	0

X	Y	$Pr(X,Y\|Z=0)$
表	表	0
表	裏	0
裏	表	0
裏	裏	1

これらの表の確率を計算することにより，

$$P(X=\text{表}|Z=1) = \frac{1}{3} + \frac{1}{3} = \frac{2}{3}$$

を得る．$Z=1$ の表をさらに分割して $Y=\text{表}$ の場合のみを考えると

$$P(X=\text{表}|Y=\text{表},Z=1) = \frac{1}{2}$$

となる．$Z=1$ の場合，$X=\text{表}$ の確率はもともと $\frac{2}{3}$ であるが，$Y=\text{表}$ という条件では $\frac{1}{2}$ になることが分かる．明らかに，$Z=1$ の条件下で X と Y は従属である．ベルが鳴らない場合（$Z=0$）はもっと大きな従属が見て取れる．なぜなら，この場合両方のコインが裏でなければならないからである．

合流点のもう一つの例として，1.3節で最初に見た Monty Hall の問題を取り上げ，この問題が統計学者をどれほど困らせてきたかをさらに明らかにしよう．Monty Hall 問題の本質は合流点の存在にある．参加者が最初に選ぶドアが親ノードの一つであり，新車があるドアがもう一つの親ノード，そして，Monty が開けるヤギのいるドアが合流点ノード，つまり他の2変数から影響を受ける．この状況において因果は明白である．参加者がドア A を選び，ドア A にヤギがいる場合は，Monty はもう一つのヤギのドアを開けるしかない．

参加者が最初に開けるドアと，車が隠されているドアは独立している．したがって最初は新車のあるドアを選ぶ確率は $\frac{1}{3}$ である．しかし，2つのコインの

2.3 合流点

例のように，Monty がどのドアを開けたかという条件の下において，参加者が最初に開けたドアと，賞品の場所は従属である．新車がドア B にある確率は $\frac{1}{3}$ であるが，もし参加者がドア A を選び，Monty がドア C を開けた場合は，新車がドア B にある確率は $\frac{2}{3}$ となる．

合流点について条件付けすることにより独立した変数が従属となるように，合流点の子孫どれについて条件付けしても同様の結果が得られる．これがなぜか理解するために，2つのコインとベルの例をもう一度考える．今回は，ベルの音を直接聞くのではなく，少し信頼性に欠ける証人を使う方法を考える．ベルが鳴らなかったとき，50%の確率で証人はベルが鳴ったと誤った報告をするのである．W をこの証人の証言とすれば，因果構造は図 2.4 となる．また，X, Y, Z のすべての組み合わせによる確率を表 2.3 に示す．

読者は表から

$$P(X=表|Y=表) = P(X=表) = \frac{1}{2}$$

であることがすぐに確認できる．また，

$$P(X=表|W=1) = (0.25+0.25) \div (0.25+0.25+0.25+0.125) = \frac{0.5}{0.875}$$

$$P(X=表|Y=表,W=1) = 0.25 \div (0.25+0.25) = 0.5 < \frac{0.5}{0.875}$$

である．

したがって，X と Y は証人の証言を聞くまでは独立であるが，証人の証言を

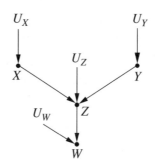

図 2.4 表 2.3 のシナリオを表すシンプルな合流点 Z とその子 W．X はコイン 1 を，Y はコイン 2 を，Z は X または Y が表の場合に鳴るベルを表す．W はベルが鳴ったか否かについての信頼性に欠ける証言．

表 2.3 コイントスの確率. X はコイン 1, Y はコイン 2 の結果. W はベルが鳴ったか否かについての信頼性に欠ける証言.

X	Y	W	$P(X,Y,W)$
表	表	1	0.25
表	裏	1	0.25
裏	表	1	0.25
裏	裏	1	0.125
裏	裏	0	0.125

聞いた後では従属である.

2.2 節ですでに確立した 2 つの規則に加え,ここに 3 番目の規則を記す.

規則 3（合流経路における条件付き独立性） 変数 Z が X と Y の間の合流点である,そして X と Y の間の道がただ一つである場合,X と Y は周辺独立であるが,Z の下で,また Z の子孫の下で条件付き従属である.

規則 3 は因果研究にとって非常に重要である.以降の各章では,この規則により,ある因果モデルがあるデータセットを生成することができたかどうかを検定し,データからモデルを発見することを学ぶ.また,この規則を使い,交絡のある下で,どの変数を計測してどのように因果効果を推定すべきかを決定することにより,Simpson のパラドックスを完全に解決できるようになる.

ここで一言.熱心な学生は,Monty Hall 問題にあるような,合流点について条件付けすることにより生じる従属性が多くの人を驚かせるのはなぜだろうと思うかもしれない.理由は,人間は（誤って）従属を因果ととってしまう傾向があるからである.したがって,2 つの変数の間に統計的従属性があると必ずその従属性を起こすような因果のメカニズムが存在すると考えてしまうのである.つまり,一方の変数が他方の原因となっている,あるいは第 3 の変数が 2 変数の原因となっていると考えるのだ.合流点の場合は,別の理由で従属となっており,"因果なくして相関なし"の仮定が成り立っていないのである.

練習問題 2.3.1

(a) 図 2.5 の変数のうち,集合 $Z = \{R, V\}$ について条件付き独立である変数の組をすべて挙げよ.

(b) 図 2.5 で隣接していない変数の組それぞれについて,どの変数の集合で条件付

2.4 d 分離性

$$X \rightarrow R \rightarrow S \rightarrow T \leftarrow U \leftarrow V \rightarrow Y$$

図 2.5　条件付き独立性を示す有向グラフ．（誤差項は明示されていない．）

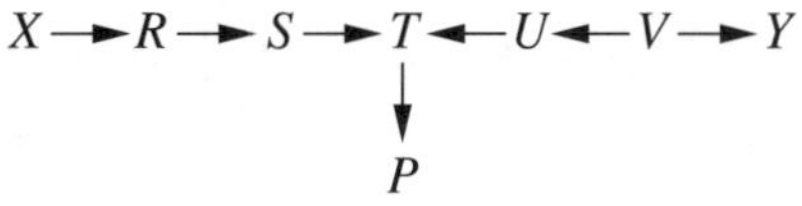

$$X \rightarrow R \rightarrow S \rightarrow T \leftarrow U \leftarrow V \rightarrow Y$$
$$\downarrow$$
$$P$$

図 2.6　P が合流点の子となっている有向グラフ．

き独立となるか．

(c) 図 2.6 の変数のうち，集合 $Z = \{R, P\}$ について条件付き独立である変数の組をすべて挙げよ．

(d) 図 2.6 で隣接していない変数の組それぞれについて，どの変数の集合で条件付き独立となるか．

(e) 図 2.5 のモデルによりデータを生成し，線形方程式 $Y = a + bX + cZ$ を当てはめる．傾き b が零となるようにするには，Z にはどの変数を選ぶとよいか．ヒント：傾きが非零であることは Y と X は Z の条件付き従属を意味する．

(f) 前問 (e) を続ける．ここでは図 2.6 のモデルにより，データに方程式

$$Y = a + bX + cR + dS + eT + fP$$

を当てはめる．どの係数が零となるか．

2.4　d 分 離 性

一般的な因果モデルはこれまで見てきた例ほど簡単ではない．具体的には，グラフィカルモデルにおいて，変数と変数を結ぶ道がただ一つということはまれである．多くのグラフィカルモデルでは，2 つの変数間には複数の道があり，それぞれの道はさまざまな連鎖，分岐，合流点を通過している．ここで問うのは，どれほど複雑なグラフィカル構造モデルにも応用できるような基準やプロセスで，そのグラフによって生成されるすべてのデータセットに共通の従属性を予測することができるかどうかである．

このようなプロセスは存在し，これをd分離（d-separation, dはdirectionalの意味）と呼ぶ．これは前節で確立した規則に基づくものである．d分離の考え方を用いると，どの2つのノードについてもそれらがd連結である，つまりその2つのノードをつなぐ道が存在するか，またはd分離される，つまり2つのノードをつなぐ道は存在しないかを決定することができる．2つのノードがd分離されると言った場合，その変数は独立であることを意味する．2つのノードがd連結であると言った場合，それらの変数は従属である可能性がある，あるいはおそらく従属であることを意味する．[*2)]

2つのノードXとYについて，その間に存在するすべての道がブロックされているとき，これらのノードはd分離されているという．XとYの間にブロックされていない道が1つでも存在するとき，XとYはd連結されているという．変数間の道はパイプであると考えることができる．従属とは，パイプの中を通って水が流れることである．複数のパイプのうち1つでもブロックされていないものがあれば，水がある場所から別の場所に流れていく．つまり道が1つあれば，その両側の変数は従属である．しかし，たった1か所を止めるだけでパイプの中を流れる水をブロックすることができるのと同様に，ただ1か所のノードをブロックするだけで，道全体に従属性が通過するのをブロックすることができる．

d分離が条件付きか否かによって，道をブロックするノードにはいくつかのタイプがある．どの変数についても条件付きでない場合，道をブロックすることができるのは合流点のみである．この理由は簡単である．2.3節で見たように，条件付けをしない場合従属性は合流点を通過することができないのだ．XとYの間の道がすべて合流点を持っているとき，条件付けをしなければXとYは従属とはならない．2つの変数は周辺独立である．

しかし，ノードの集合Zについての条件付きを考える場合，以下のようなノードが道をブロックする：

- 条件付きでない（つまりZに属さない），またどの子孫もZに属さない合

[*2)] d連結の変数はグラフの矢線に対応する関数がどのようなものであれほぼ従属である．例外として，2.2節で扱った非推移のケースがある．

流点ノード
- 連鎖経路または分岐経路において，中間のノードが Z に属する場合．

以上の理由は 2.2 節，2.3 節で学んだことによる．合流点は親同士の間に従属性が流れることを許さない，つまり道をブロックする．しかし，規則 3 により，合流点またはその子孫について条件付けすると，親ノードは従属となる．つまり，合流点ノードが条件付けする変数の集合 Z に含まれていないような合流点は，従属性が道を通り抜けるのをブロックする．しかし，合流ノードあるいはその子孫が Z に含まれるような合流点ではブロックしない．逆に，従属性は合流点ではない連鎖や分岐を通り抜ける．しかし，規則 1 や規則 2 にあるように，これら連鎖や分岐で条件付きとすると，道の両側にある変数は独立となる（一度に 1 つの道を考えた場合）．したがって，合流点でないノードは，条件付けの集合に含まれていれば従属をブロックし，条件付きの集合に含まれていなければ従属性を通過させる．

ここで d 分離の一般的な定義をする．

定義 2.4.1（d 分離）　道 p がノードの集合 Z によりブロックされていることは以下と同値である．

1. p は連鎖 $A \to B \to C$ または分岐 $A \leftarrow B \to C$ を含み，中央のノード B が Z に含まれる（つまり B について条件付けしている）．または，
2. p は合流 $A \to B \leftarrow C$ を含み，合流点 B が Z に含まれない．さらにいかなる B の子孫も Z に含まれない．

Z がノード X と Y の間のすべての道をブロックするとき，Z が与えられた下で X と Y は d 分離されている．すなわち Z が与えられた下で X と Y は条件付き独立である．

d 分離というツールを利用できることになったので，さらに複雑なグラフィカルモデルについても変数が独立であるか従属であるかを，周辺的にまたは条件付きで決定することができる．図 2.7 のグラフィカルモデルを例にとる．このグラフはさまざまな因果モデルに対応していると考えることができる．変数は離散的かもしれないし，連続的かもしれない，また両者が混在しているかもしれない．変数間の関係は線形かもしれないし，指数的かもしれない，またその他数え切れないほどある他の関係かもしれない．モデルがどのようなもので

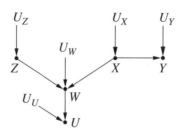

図 2.7　合流点とその子，分岐点を持つグラフィカルモデル．

あれ，このモデルにより生成されるデータは，d 分離基準によりどれも同様の独立性を示す．

特に，Z と Y の関係について注目してみる．条件付けを行わないとすると，これらは d 分離されている．これにより，Z と Y は周辺独立であるといえる．なぜか．Z と Y の間にブロックされていない道が存在しないからである．Z と Y の間にはただ一つの道があり，この道は合流点によりブロックされている ($Z \rightarrow W \leftarrow X$)．

しかしここで W についての条件付けを考える．d 分離基準によると，Z と Y は W の条件付きで d 連結である．理由は，条件付けの集合が $\{W\}$ であり，Z と Y の間の唯一の道は分岐 (X) を含み，X はこの集合に含まれていない．またこの道には合流点が 1 つだけ (W) あり，この道はブロックされていない．（合流点について条件付けすることでブロックしなくなることを思い出してほしい．）U について条件付けしても同様のことがいえる．なぜなら，U は Z と Y の間にある合流点の子孫だからである．

一方で，$\{W, X\}$ により条件付けすると，Z と Y は独立のままである．この場合，Z と Y の間の道は 2 番めではなく，1 番めの基準によりブロックされている．条件付けする変数の集合に合流点でないノードが含まれているのだ．W について条件付けしているので，ここではブロックされてはいないが，道全体をブロックするには，1 つのノードをブロックするだけでよい．Z と Y の間の唯一の道がこの条件付き変数の集合によりブロックされているので，$\{W, X\}$ について条件付けした場合，Z と Y は d 分離である．

次に図 2.8 にあるように，Z と Y の間にもうひとつ別の道ができたとす

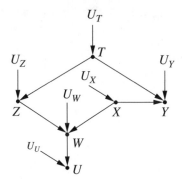

図 2.8 図 2.7 のモデルにおいて，Z と Y の間に分岐経路を加えたもの．

る．Z と Y はこれで周辺従属である．なぜか．これら 2 変数の間に道があり（$Z \leftarrow T \rightarrow Y$），この道に合流点が含まれないからである．しかし，T について条件付けすると，この道はブロックされ，Z と Y は独立となる．$\{T, W\}$ について条件付けすると，再び d 連結となる．（T について条件付けすることで，$Z \leftarrow T \rightarrow Y$ はブロックされる．しかし，W について条件付けすることで，$Z \rightarrow W \leftarrow X \rightarrow Y$ はブロックされない．）そしてさらに X を条件付けする変数の集合に加える，つまり $\{T, W, X\}$ とすることにより，Z と Y は再度独立となる．このグラフにおいて，Z と Y は $W, U, \{W, U\}, \{W, T\}, \{U, T\}$, $\{W, U, T\}, \{W, X\}, \{U, X\}, \{W, U, X\}$ について条件付けした場合，d 連結であり，おそらく従属である．また Z と Y は $T, \{X, T\}, \{W, X, T\}, \{U, X, T\}$, $\{W, U, X, T\}$ について条件付けした場合，d 分離であり，独立している．T は，Z と Y を d 分離するような条件付け変数の集合すべてに含まれている．これは，条件付けすることなしに Z と Y を d 連結する道に含まれる唯一のノードであるからだ．もし T について条件付きとしなければ，Z と Y は常に d 連結となる．

練習問題 2.4.1 図 2.9 は，誤差項が省かれた因果グラフである．すべての誤差項は互いに独立である．

(a) このグラフにおいて，隣接しないノードのすべての組について，その 2 つを d 分離するような変数の集合を答えよ．この結果により，データの独立性について述べよ．

(b) 集合 $\{Z_3, W, X, Z_1\}$ に含まれる変数のみが測定可能であるという仮定において、問い (a) を繰り返せ.
(c) グラフにおいて、隣接しないノードのすべての組において、その他すべての変数の下で条件付き独立であるかどうか述べよ.
(d) グラフにある各変数について、ノードの集合によってその他すべての変数と独立になるようなもののうち、最小のものをみつけよ.
(e) モデルにある他のすべての変数の値から、Y の値を推定したいとする. すべての変数を計測したときと同じくらい正確に Y が推定できるような変数の最小集合を見つけよ.
(f) Z_2 の値を推定したいとして、問い (e) を繰り返せ.
(g) Z_3 の値から Z_2 の値を予測したいとする. W の値も使って予測する方が、より正確になるか否か. 説明せよ.

2.5 モデル検定と因果探索

前節では、因果モデルは、モデルが生成したデータで検証することができることを示した. たとえば、グラフ G によりデータセット S が生成されたとすると、d 分離の考え方により、G のうちどの変数がどの変数の下で条件付き独立であるかが分かる. 条件付き独立性は、データから検証することができる. G における d 分離の条件を挙げ、その結果 A と B は C の下で条件付き独立であると分かったとする. このとき、もし S により確率を推定し、データによると A と B は C の下で条件付き独立ではないことが分かったとする. このとき、S の因果モデルとして G を棄却することができる.

図 2.9 の因果モデルを用いてこれを確認する. このモデルが持つ多くの条件付き独立性のうちのひとつを考える. W と Z_1 は、X により d 分離されているので、W と Z_1 は X の下で条件付き独立である. ここで、W を X と Z_1 に重回帰する. つまり、データにもっともよく当てはまる直線

$$w = r_X x + r_1 z_1$$

を見つける. もし r_1 が零でないとなると、W は X が与えられた下で Z_1 に依

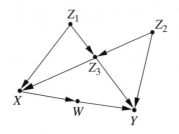

図 2.9 練習問題 2.4.1 で使う因果グラフ. U 項はすべて独立である.

存し,結果としてモデルは間違っていることになる.(条件付き相関は条件付き従属を意味することを思い出してほしい.) モデルが誤りであるということだけでなく,どこが間違っているかも分かる. 真のモデルは W と Z_1 の間に X によって d 分離されていない道があるはずなのである. 最後に,これは誤差が独立している場合どの非巡回的モデルでも成り立つ理論的結果である (Verma and Pearl 1990) のだが,モデルにあるすべての d 分離の条件がデータの条件付き独立と一致していれば,それ以降どのような検証をしてもそのモデルを棄却することはできない. つまり,データセットがどのようなものであれ,そのデータを生成するような関数の集合 F と U 項の確率分布を見つけることができるのである.

モデルの当てはまり度を測るには,他の方法もある.当てはまりを評価するのに標準的な方法は,モデル全体について統計的仮説検定を行うことである.つまり,観測値が,まったくの偶然ではなく,仮説にあるモデルにより生成されたのはどのくらい確からしいかを評価するのである.しかし,モデルが完全に記述されていなければ,モデルの確からしさを評価する以前に,まずはパラメターを推定する必要がある. これを行うには (近似的に),線形ガウシアンモデル (モデルの関数はすべて線形で,誤差項はすべて正規分布に従う.) を仮定するとよい. このような仮定の下では,同時分布 (これもガウシアンとなる) はモデルのパラメターにより簡潔に記述できる. その後,推定により得られたパラメターをすべて含んだモデルにより観測値が生成されたかどうかの尤度を評価すればよい (Bollen 1989).

しかし,このやりかたには多くの問題がある. まず第 1 に,推定できないパ

ラメターが1つでもあれば，同時分布を推定することができない．したがってモデルを検証することができない．3.8.3項で見るように，誤差項のうちいくつかに相関がある場合，あるいは変数のうちいくつか観測されないものがあるような場合にこのような問題が起きる．2番めに，この手続きにより検証しているのはモデル全体である．モデルがデータによく当てはまらないことが分かったとして，なぜよく当てはまらないのか，どの辺を取り除けば，あるいは加えればよりよい当てはめになるのかを知る方法は存在しない．3番めには，モデル全体を検証するので，扱う変数の数が多くなってしまうことがある．もし各変数についてノイズやサンプリングのばらつきがあれば，検証はあまり信頼できないということになる．

以上のようにモデル全体を検証することに比べ，d分離性を利用することには以下の利点がある．まず第1に，ノンパラメトリックである．つまり，変数の関係を表す関数がどのようなものであるかにかかわらず，対象となるモデルのグラフのみを使う．第2に，モデル全体として大域的に検証するのではなく，局所的に検証する．これにより，仮説のモデルが間違っているのは具体的にどの部分なのかを判別し，修正することができる．新たなモデルを最初から作りなおす必要がない．また，何らかの理由によりモデルのある部分の係数が分からないときでさえも，モデルの残りの部分については不完全ながらも何らかの情報を得ることができる．（大域的モデル検証では，係数が1つでも推定できなければ，モデルの一部さえも検証することができない．）

コンピュータがあれば，このような方法により，考えられるモデルの多くを検証，棄却することができる．最終的には，データセットにある従属性と矛盾しないような少数のモデルに絞り込むことができる．1つのモデルではなく，いくつかのモデルの集合である．なぜなら，同じ性質を持つグラフが複数あるからである．同じ性質を示す複数のグラフがある場合，これらを同値類と呼ぶ．2つのグラフ G_1 と G_2 は，スケルトンが同じ場合，つまり，矢線の方向にかかわらず同じ辺があり，そして，同じV字構造，つまり親が隣接していない合流点を有する場合に，同じ同値類に属する．この基準に合うグラフが2つあればそれらはまったく同じd分離性を有し，したがって，同じ従属性，独立性を示すことが検証可能である．(Verma and Pearl 1990)

2.5 モデル検定と因果探索

この結果の重要な点は,データを生成したであろう因果モデルを探索することができるということである.したがって,因果モデルから始めてデータセットを生成できるだけでなく,データセットから始め,推論により因果モデルに戻ってくることも可能なのである.これは非常に便利である.なぜならデータに基づく研究の多くはまさにデータを説明するようなモデルを見つけることだからである.

因果探索には,本節の冒頭で紹介したような大域的モデル検証を含め,他の方法もある.しかしこれらすべてを網羅することは本書の目的ではない.探索についてより深く学びたい読者は Pearl 2000, Pearl and Verma 1991, Rebane and Pearl 1987, Spirtes and Glymour 1991, Spirtes et al. 1993 を参照されたい.

練習問題 2.5.1

(a) 図 2.9 の矢線のうち,反転しても統計的検証により検知することができないものはどれか.ヒント:同値類の基準を使うとよい.

(b) 図 2.9 のグラフと観測データ上同値となるようなグラフをすべて挙げよ.

(c) 図 2.9 の矢線のうち,非実験データにより方向が決定できるものはどれか.

(d) もし係数がどれか非零となった場合図 2.9 のモデルが誤りとなるような Y の回帰式を書け.

(e) Z_3 の回帰式について問い (d) を繰り返せ.

(f) X が測定されていないこととして問い (e) を繰り返せ.

(g) 問い (d) や (e) のような回帰式がいくつあれば,モデルを完全に検証したことになるか.つまり,さらなる検証により棄却できなくなるか.(ヒント:逐次的因数分解 (1.29) により偏回帰係数が零となるべきものをすべて検証すること.)

参考文献

因果モデルにおける連鎖と分岐の違いは Simon 1953 および Reichenbach 1956 による.合流(または共通の結果)についてはイギリスの経済学者 Pigou 1922 (Stigler 1999, pp. 36–41 参照)に遡る.疫学では,合流点は"セレク

ションバイアス"や "Berkson のパラドックス"(Berkson 1946) と関連付けられるようになった．人工知能の分野では，合流点は言い逃れの効果（Kim and Pearl 1983) として知られる．グラフにより条件付き独立性を判断する d 分離基準（定義 2.4.1) は Pearl 1986 で紹介され，その後 Verma and Pearl 1988 によりグラフォイド原理（Pearl and Paz 1987）を用いて正式に証明された．d 分離についての入門は Hayduk et al. 2003, Glymour and Greenland 2008, Pearl 2000, pp. 335–337 を参照されたい．d 分離を検知したり最小分離集合を見つけたりするアルゴリズムとソフトウェアについては Tian et al. 1998, Kyono 2010, Textor et al. 2011 に詳しい．大域的モデル検証に対する局所的モデル検証の利点は Pearl 2000, pp. 144–145 で論じられており，さらに Chen and Pearl 2014 が議論を発展させている．近年の d 分離の応用には，母集団をまたいだ推定（Pearl and Bareinboim 2014)，サンプルセレクションバイアスの補正（Bareinboim et al. 2014)，そして欠損データの取扱い（Mohan et al. 2013) などがある．

3 介入効果
The Effects of Interventions

3.1 介　　入

　統計科学の研究は多くの場合介入効果を推定することを目的としている．アメリカ西部で山火事に関するデータを集めているという場合，実際には何に介入すれば山火事の頻度を減らすことができるかを考えている．がんの新薬について調査するというのは，実のところ患者にその薬を投与することにより，患者の病状がどうなるかを知りたいのである．テレビの暴力描写と子供の攻撃的な行動の間の相関について調査するということは，子供がテレビの暴力シーンを見ないようにすれば攻撃的行動が減少するかどうかを判断したいわけである．

　読者が統計学の授業でまちがいなく聞いたことがあるとおり，"相関は因果ではない．" 2つの変数に関係があるというだけでは必ずしも片方の変数がもう一つの変数の原因になっているとは限らない．さらに言えば通常は因果を意味しない．（有名な例として，アイスクリームの売上と暴力的犯罪に正の相関があるというものがある．アイスクリームが犯罪を起こしているわけではなく，気温が上がるとアイスクリームの売上も暴力犯罪も増加するからであろう．）この理由により，ランダム化比較試験が統計学のゴールデンスタンダードだと考えられている．適切にランダム化された実験では，反応変数に影響を与える因子は，ただ一つを除いて，固定されているかあるいはランダムに変化する．したがって，反応変数の変化はその変数のために起きたと言える．

　残念ながら，ランダム化比較試験は不可能である場合が多い．天気はコントロールすることができないので，山火事の原因となる変数をランダム化するこ

とはできない．テレビの暴力描写についての調査で，参加者をランダム化することができると考えることは可能であるが，子供一人一人がテレビをどのくらい見るかをコントロールすることは難しいし，また子供たちをきちんとコントロールできているかどうかを知ることはほぼ不可能である．新薬のランダム化臨床試験でさえ，参加者が途中で止めたり，薬を飲まなかったり，あるいは使用状況を正確に報告しなかったなどの理由で問題になる場合がある．

ランダム化比較試験を実際に行うのが困難であるような場合，研究者は代わりに観察研究を行う．ここではデータをコントロールするのではなく，ただ記録するだけである．このような研究法の問題は，因果関係と単なる相関を区別することが難しいことである．常識からすればアイスクリームの売上が犯罪に影響を与えるとは考えにくい．しかし，物事はいつもそう簡単ではない．たとえば，ウィニペグ大による最近の研究によると，十代の子供において，テキストメッセージを大量に送受信することと，物事を深く考えないことに相関があることが分かった．メディアは，テキストすることにより十代の子供が物事を深く考えなくなっていることの証明だとしてこれに飛びついた．（介入という言葉を使うならば，十代の子供がテキストメッセージをあまり使わないように介入すると，彼ら彼女らは物事をより深く考えるようになる．）しかし，この研究はそのようなことは何も証明していない．物事を深く考えないことが原因で子供たちはテキストするのかもしれない．または物事を考えないことと，テキストメッセージのやり過ぎには，ひょっとすると遺伝子などの共通の原因があるのかもしれない．その場合には，その共通の原因について介入することにより，子供はより深く考えるようになり，テキストメッセージの使用量も減ることになる．

ある変数について介入することと，その変数について条件付けをすることの違いは明らかであろう．モデルにおいて，ある変数に介入すると言った場合，その変数をある値に固定することを意味する．システムを変化させることとなり，したがって，しばしば他の変数の値も変化する．ある変数について条件付けをすると言った場合，何も変更していない．ただその変数が適当な値になるような場合のみに焦点を絞るだけである．変わるのは世界をどう見るかであって，世界が変わるわけではない．

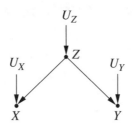

図 3.1 気温（Z），アイスクリームの売上（X），犯罪率（Y）の関係を示すグラフィカルモデル．

たとえば，図 3.1 を考える．これは，アイスクリームの売上の例についてのグラフィカルモデルである．X はアイスクリームの売上，Y は犯罪発生率，Z は気温である．介入によってある変数の値を固定するというのは，その変数の値が他の変数に応じて自然に変化するという性質をなくしてしまうということである．つまりグラフィカルモデルにおいていわば外科手術を行い，その変数に向かっている辺をすべて取り除いてしまうということである．介入によりアイスクリームの売上を（たとえばアイスクリーム店をすべて閉店するなどして）減少させると，図 3.2 のグラフィカルモデルとなる．新たに作成したこのグラフで相関関係を検討すると，ここではアイスクリームの売上と気温は相関がないので，犯罪発生率はもちろんアイスクリームの売上と独立している（相関がない）．言い換えると，X をどのような値で固定したとしても，変数 Y（犯罪率）には影響がない．以上より，ある変数について介入した場合と，ある変数により条件付けした場合とでは，まったく異なる依存関係となることが分かる．さらに，ある変数について条件付けをすることは，第 1 章で論じた手順により，

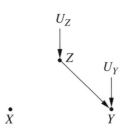

図 3.2 図 3.1 のモデルにおいてアイスクリームの売上を減少させる介入を表すグラフィカルモデル．

データセットから直接行うことができる．一方，ある変数について介入する際の手順は，因果グラフの構造により異なる．ある介入を行うにはどの矢線を取り除くべきなのかはグラフが教えてくれるのである．

変数 X が自然に値 x をとる場合と，$X = x$ に固定する場合を区別して表記する．後者の場合 $do(X = x)$ と表記する．つまり，$P(Y = y|X = x)$ は $X = x$ であるという条件の下での $Y = y$ となる条件付き確率で，$P(Y = y|do(X = x))$ は介入により $X = x$ としたとき $Y = y$ となる確率である．確率分布の用語を使えば，$P(Y = y|X = x)$ は母集団で X の値が x であるような人たちについての分布である．一方，$P(Y = y|do(X = x))$ は，母集団の全員について変数 X の値が x に固定された場合の母集団分布を表す．同様に，$P(Y = y|do(X = x), Z = z)$ は $do(X = x)$ の介入により生じる分布において，$Z = z$ の下で $Y = y$ となる条件付き確率である．

do 表記とグラフの外科手術を用いることにより，相関関係と因果関係をきちんと分けることができるようになる．驚くべきことに，観察データのみから因果情報を見つけ出す方法が存在し，本章でこれを学ぶ．もちろんグラフが現実を正確に表していればという条件付きではある．ここで暗に介入には"副作用"がないことを仮定していることに触れておく．つまり，ある人について変数 X に値 x を割り当てることそのものがそれ以降の変数に直接には影響しないということである．たとえば，ある薬を投与することと，患者の宗教で禁じられているにもかかわらずその薬を強制することとでは，回復について何か異なる効果があるかもしれない．副作用がある場合には，それらはモデルの中で明示されていなければならない．

3.2 調　　整

アイスクリームの例においては，因果の観点からすると，X から Y への因果パスは存在しないので，これらの間に相関はまったくないわけで，いささか極端な例であった．実際の状況というのはこれほど分かりやすくはない．もっと現実的な状況について探るため，図 3.3 を考える．ここでは Y は Z と X 両方に依存している．このモデルは，たとえば Simpson のパラドックスについての

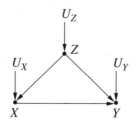

図 3.3 新薬の効果を表すグラフィカルモデル．Z は性別，X は薬の使用，Y は回復を表す．

最初の例などにあたる．X は薬の投与，Y は回復，そして Z は性別を表すことになる．母集団において新薬がどれほど効果的かを調べるのに，まず，患者全員に新薬を投与するという介入を仮定し，これと逆の介入，つまり誰にも薬を投与しなかった場合との比較を考える．前者を $do(X=1)$，後者を $do(X=0)$ とすると，ここでの目的は因果効果差や平均因果効果（ACE: average causal effect）などと呼ばれる差

$$P(Y=1|do(X=1)) - P(Y=1|do(X=0)) \tag{3.1}$$

を推定することである．より一般的には，X と Y が複数の値をとりうる場合，すべての X と Y の組み合わせにおける効果を予測したい．たとえば，x は投与した薬の量で，y は患者の血圧などの場合が考えられる

すでに論じた原則により，因果ストーリーなくしてはデータセットから因果効果を推定することはできないことが分かっている．これは Simpson のパラドックスからの教訓でもある．データのみからでは薬の効果があるのかあるいは逆効果なのかさえも判断することはできないのである．しかし，図 3.3 のグラフを使えば，データから因果効果の大きさを計算することができる．これを行うには，アイスクリームの例と同様，グラフの外科手術（図 3.4）により介入を行う．因果効果 $P(Y=y|do(X=x))$ は図 3.4 のように修正したモデルにおける条件付き確率 $P_m(Y=y|X=x)$ に等しい．（これにより正解は併合データを見ればよいのかまたは Z の層別データを見ればよいのかも分かる．介入による効果を知るには，どちらか 1 つの表のみを考慮することになる．）

因果効果を計算する鍵は，修正したグラフにおいての確率 P_m と修正前の図

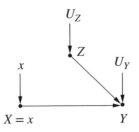

図 **3.4** 図 3.3 のモデルを修正し,全員に薬を投与する介入を施したグラフィカルモデル.修正後の確率は P_m となる.

3.3 における確率 P における以下 2 つの重要な共通点にある.まず第 1 に,周辺確率 $P(Z = z)$ は介入前後で変化しない.なぜならば,Z を決める過程は Z から X への矢印を取り除いても変わらないからである.この例でいうと,介入の前後において,男女の比は変わりないということである.第 2 に,条件付き確率 $P(Y = y|Z = z, X = x)$ は変わらない.なぜならば,Y が X と Z により決まる過程,つまり $Y = f(x, z, u_Y)$ は X が自然に変化していようが故意に変化させていようが変わりないからである.つまり以下の 2 つの確率不変の等式が成り立つ:

$$P_m(Y = y|Z = z, X = x) = P(Y = y|Z = z, X = x)$$
$$P_m(Z = z) = P(Z = z)$$

修正したモデルにおいて Z と X は d 分離されており,したがって独立しているという事実を利用する.これにより $P_m(Z = z|X = x) = P_m(Z = z) = P(Z = z)$ を得る.最後の等号は直前の結果による.これらのことより,

$$P(Y = y|do(X = x))$$
$$= P_m(Y = y|X = x) \quad (\text{定義による}) \tag{3.2}$$
$$= \sum_z P_m(Y = y|X = x, Z = z) P_m(Z = z|X = x) \tag{3.3}$$
$$= \sum_z P_m(Y = y|X = x, Z = z) P_m(Z = z) \tag{3.4}$$

式 3.3 は Z についての条件付き確率をすべての値 $Z = z$ について合計する全確率の公式による(式 1.9 参照).また,式 3.4 は修正したモデルにおいて Z と

X が独立であることを利用した．

最後に，確率不変の関係を使って，因果効果を修正前の確率を使って表すことができる：

$$P(Y=y|do(X=x)) = \sum_z P(Y=y|X=x, Z=z)P(Z=z) \qquad (3.5)$$

式 3.5 は調整化公式と呼ばれる．見て分かるのは，ある Z の値について X と Y の関係を計算し，そしてそれらを Z について平均している．このような処理は "Z による調整" または "Z についてのコントロール" と呼ばれる．

この式の最後の部分，式 3.5 の右辺であるが，これはデータから直接推定することができる．なぜならば，これらのひとつひとつは第 1 章で扱ったフィルタリングにより計算することができるからである．また，ランダム化比較試験においては調整は必要ないことに気づかれたい．この場合，データはすでに図 3.4 の形をしており，Z が Y にどのように影響していようが $P_m = P$ である．したがって，調整化公式 3.5 を導いたことにより，ランダム化により推定したい量，つまり $P(Y=y|do(X=x))$ が与えられることを証明したことになる．実際には，研究者はランダム化比較試験においてもサンプリングによる分散を最小化するために調整を使う（Cox 1958）．

調整化公式がどのように機能するかを見るため，Simpson の例に数字を当てはめてみよう．ここに $X=1$ は患者が薬を投与されること，$Z=1$ は患者が男性であること，そして $Y=1$ は患者が回復したことを表す．ここで

$P(Y=1|do(X=1))$
$= P(Y=1|X=1, Z=1)P(Z=1) + P(Y=1|X=1, Z=0)P(Z=0)$

が成り立つ．表 1.1 の数字を代入し，

$$P(Y=1|do(X=1)) = \frac{0.93(87+270)}{700} + \frac{0.73(263+80)}{700} = 0.832$$

を得る．同様に

$$P(Y=1|do(X=0)) = \frac{0.87(87+270)}{700} + \frac{0.69(263+80)}{700} = 0.7818$$

したがって，薬を投与したとき（$X=1$）とそうでないとき（$X=0$）を比

べた場合の効果は

$$ACE = P(Y=1|do(X=1)) - P(Y=1|do(X=0))$$
$$= 0.832 - 0.7818 = 0.0502$$

となる．薬を投与することは明らかに効果がある．ACE について少しだけた解釈をすると，全員に薬を投与した場合に回復する患者の割合と誰にも薬を投与しなかった場合に回復する患者の割合との差であるということができる．

調整化公式によると，まず性別について条件付けをし，男性と女性について薬の効果を別々に調べ，そのあとで結果を男性と女性の人数で加重平均しなさいということになる．そしてまた男女合わせた全体のデータによる $P(Y=1|X=1)$ と $P(Y=1|X=0)$ は薬が全体として逆効果であるという（誤った）結果になるかもしれないので使ってはいけないということである．

以上の簡単な例から，読者は第 3 の変数 Z について条件付けすべきかどうかのジレンマがあるとき，調整化公式は必ず Z について場合分けした分析が正しく，Z について場合分けしない分析は誤っているとするように感じているかもしれない．しかし，表 1.2 にある血圧についての Simpson のパラドックスの例からも分かるように，いつもそうだというわけではない．この例では，血圧について条件付きにするのではなく，直接全体の条件なしのデータを調べるのが正しいとした．このような状況は調整化公式を使うとどのように分析できるであろうか．

図 3.5 のグラフは血圧の例における因果ストーリーを示したものである．これは図 3.4 と似ているが，X と Z の間の矢線の方向が逆になっており，介入が血圧に影響を与えていることを示す．性別の例と同様に，このモデルにおける

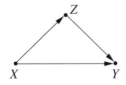

図 **3.5** 新薬の効果を表すグラフィカルモデル．X は薬の投与，Y は回復，Z は血圧（実験終了時に計測）を表す．外生変数はグラフに示されていないが，独立である．

因果効果 $P(Y=1|do(X=1))$ を計算してみよう．まず，介入を施し，その介入から得られる調整化公式を検討する．グラフィカルモデルでは，介入を施すには，操作する変数 X に向かう矢線をすべて切断すればよいのであった．しかしこのケースでは，図 3.5 のグラフには X に向かう矢線は存在しない．X は親を持たないからである．これはつまり手術が必要ないということである．データ収集時の条件がまるでランダムに処置が処方されたのと同様であったということである．被験者が処置を好んで受けるかまたは拒否するような要因があったならば，その要因はモデルに記述されなければならない．そのような要因がないならば，X をランダム化処置として扱ってよいというお墨付きをもらったようなものである．

これらの条件の下で，介入グラフはもとのグラフと同じである．矢線を取り除く必要がない．したがって調整式は

$$P(Y=y|do(X=x)) = P(Y=y|X=x)$$

となる．これは，調整式において調整する変数を空集合とすることにより得られる．血圧について調整すれば明らかにそれは誤りである．なぜなら，そのような調整をすると，血圧により被験者が処置を受けたくなるようなモデルを分析することになるからである．

3.2.1 調整すべきか否か

ここで，調整化公式にどの変数または変数の集合 Z を含めるべきかについて考える．調整化公式を得るに至った介入の処理であるが，これにより Z は X の親でなければならない．なぜならば，外的操作により X を固定する際，中和したいのはその親からの影響だからである．X の親を $PA(X)$ として，以下に規則として調整化公式をまとめる．

規則 1（因果効果） グラフ G において X の親を PA とすると，X が Y に及ぼす因果効果は

$$P(Y=y|do(X=x)) = \sum_z P(Y=y|X=x, PA=z)P(PA=z) \quad (3.6)$$

で与えられる．ここで z は PA に含まれる変数がとりうるすべての組み合わせである．

式 3.6 のそれぞれの項に $P(X=x|PA=z)$ を掛けて割ることにより，より便利な形

$$P(y|do(x)) = \sum_z \frac{P(X=x, Y=y, PA=z)}{P(X=x|PA=z)} \tag{3.7}$$

を得る．この式により，介入の結果を予測する上で X の親がどのような役割を果たしているかが明らかである．$P(X=x|PA=z)$ は傾向スコア（propensity score）と呼ばれ，$P(y|do(x))$ を上のように表すことの利点は 3.5 節で論じる．

これまでの議論により，Simpson のパラドックスを理解する上で因果グラフの果たす役割がよく分かる．あるいはさらに一般的に，統計データのみから因果効果を予測するためにはグラフのどこに目をつければよいのかが分かる．X の親，つまり非実験の状況において X の値またはその値をとる確率を決定する変数の集合を見つけるためにグラフが必要なのである．

この結果だけでも驚くべきことである．グラフとそこにある仮定を使えば，観察データのみから因果関係を見つけることができるのである．しかし，この論理でいくと読者はグラフの役割は限定的であり，X の親を見つけたならばそのあとはグラフは不要で，調整化公式によって機械的に因果効果を評価することができると思うかもしれない．次節において，事態はそう単純ではないことが分かる．実際の多くのケースでは，X の親の集合は観測されない変数を含んでおり，調整化公式において条件付き確率を計算することができない．幸運なことに，以降の節で見るように $PA(X)$ のうち測定されていないものの代わりに，モデルの他の変数について調整することにより対処することができる．

練習問題 3.2.1　練習問題 1.5.2（図 1.10）とそこにあるパラメターについて，
(a) モデルに $do(x)$ の介入を施すことにより，すべての x, y の値について $P(y|do(x))$ を計算せよ．
(b) 調整化公式 3.5 を使うことにより，$P(y|do(x))$ をすべての x, y の値について計算せよ．
(c) ACE を計算せよ．

$$ACE = P(y_1|do(x_1)) - P(y_1|do(x_0))$$

また，リスク差（RD: risk difference）を計算せよ．

$$RD = P(y_1|x_1) - P(y_1|x_0)$$

ACE と RD の違いは何か．パラメーターをどのような値にすればこの差を最小化することができるか．

(d) （練習問題 1.5.2(c) のように）Simpson のパラドックスが起きるようなパラメターを見つけよ．新薬の因果効果は層別しない統合データから得られることをはっきりと示せ．

3.2.2 複数の介入とトランケート乗法公式

調整化公式を導き出す際，ただ一つの変数 X について介入を行い，親と切り離すことにより影響をなくした．しかし，社会政策や医療政策は時折複数の介入を伴う．つまり複数の変数を同時に変更したり，あるいは1つの変数をある期間にわたって制御したりすることがある．このような複数の介入を扱うには，1.5.2 節で論じたように，グラフィカルモデルにおいて同時分布が満たす逐次的因数分解を使うとよい．逐次的因数分解の法則によれば，図 3.3 にある介入前のモデルにおける確率分布は

$$P(x,y,z) = P(z)P(x|z)P(y|x,z) \tag{3.8}$$

である．これに対して，図 3.4 にある介入後の確率分布は

$$P(z,y|do(x)) = P_m(z)P_m(y|x,z) = P(z)P(y|x,z) \tag{3.9}$$

である．ここで $X = x$ と固定することにより X に親は存在しないので $P(x|z)$ は消えている．これが調整化公式となる．なぜなら，$P(y|do(x))$ を計算するために z に関して周辺化すると（総和を求めると），

$$P(y|do(x)) = \sum_z P(z)P(y|x,z)$$

となり，式 3.5 を得るからである．

この考えは，調整化公式を複数の介入，つまり変数の集合 X について値を固定するケースに一般化できる．介入前の確率分布を逐次的因数分解の形で記述し，介入する変数の集合 X についての項を消してしまえばよい．正式には，

$$P(x_1, x_2, \ldots, x_n | do(x)) = \prod_i P(x_i | pa_i) \quad \forall i : x_i \notin X$$

と書ける．これはトランケート乗法公式またはg推定公式と呼ばれる．例を示すために，図2.9のモデルにおいて，Xの値をx, Z_3の値をz_3とするような介入を行うとする．モデルにある他の変数の介入後の分布は

$$P(z_1, z_2, w, y | do(X = x, Z_3 = z_3)) = P(z_1)P(z_2)P(w|x)P(y|w, z_3, z_2)$$

となる．ここで$P(x|z_1, z_3)$と$P(z_3|z_1, z_2)$の項は積に含まれていない．

興味深いことに，式3.8と式3.9を合わせると，介入前後の確率分布についての単純な関係が分かる．

$$P(z, y | do(x)) = \frac{P(x, y, z)}{P(x|z)} \tag{3.10}$$

これによると，確率分布が$P(x, y, z)$であるような非実験データにおいて介入$do(x)$の効果を予測するのに必要なのは，条件付き確率$P(x|z)$のみである．

3.3 バックドア基準

前節では，ある変数が他の変数に与える効果を調べるのに，その変数の親について調整するという結論に達した．しかし，グラフには変数の親が表示されていたとしても，測定されないために観測値が手に入らないということがしばしばある．このような場合，別の変数の集合について調整する必要がある．

このジレンマについて考えるとより本質的な統計学的問題につきあたる．どのような条件であれば，1つの変数が別の変数に及ぼす影響を，受動的観察によって集めたデータのみにより，介入なしで，因果ストーリーにより計算することができるのであろうか．因果ストーリーはグラフの形で表されているから，この問題はグラフ理論の問題となる．あるデータセットがどのような条件を満たせば，因果グラフの構造から因果効果を計算することができるのであろうか．

この問いに対する答えは長く，そして重要であるため，本章の残りすべてを使ってこの問題を論じる．因果効果を計算できるかどうかを判断するのにもっとも重要なツールの一つはバックドア基準と呼ばれるものである．バックドア基準を使うことにより，DAGで表現された因果モデルにおける任意の2変数XとYについての因果関係を知るにはモデルに含まれる変数のうちどの集合Zについて条件付けすべきかを知ることができる．

3.3 バックドア基準

定義 3.3.1（バックドア基準） 非巡回的有向グラフ G において変数の順序対 (X, Y) が与えられたとき，変数の集合 Z に含まれるいかなるノードも X の子孫ではなく，かつ X と Y の間の道で X に向かう矢線を含むようなものすべてを Z がブロックするとき，Z は (X, Y) についてバックドア基準を満たすという.

変数 Z が X と Y についてバックドア基準を満たすとき，X が Y に及ぼす因果効果は $PA(X)$ について調整した際と同様に

$$P(Y = y | do(X = x)) = \sum_z P(Y = y | X = x, Z = z) P(Z = z)$$

の式で得られる．（$PA(X)$ は常にバックドア基準を満たすことに気づかれたい.）

バックドア基準の背後にある理論は分かりやすい．一般に，以下の条件を満たすようなノードの集合 Z について条件つけを行いたい：

1. X と Y の間の擬似パスをすべてブロックする.
2. X から Y への有向道は変更しない.
3. 新たな擬似パスは作成しない.

X から Y の因果効果を知りたいとき，ノードについて条件付けすることにより，矢線が X に向かっているバックドアパスをブロックしたい．なぜなら，このような道により X と Y は従属となるかもしれないが，明らかに X からの因果効果を表してはいないからである．さらにもしこれらの道をブロックしなかったら，X が Y に与える影響を交絡してしまう．バックドアパスにより条件付けすることにより，最初の条件を満たす．しかし X の子孫については条件付けすべきではない．X の子孫は X についての介入で影響を受けるし，また X の子孫は Y に影響しているかもしれない．このような変数について条件付けするとそれらの伝達路をブロックしてしまうことになる．したがって，2 番めの条件を満たすためには，X の子孫については条件付けしない．最後に，3 番めの条件を満たすためには，X と Y の間の新しい道を開くような合流点について条件付けしてはならない．X の子孫を除外することにより，X と Y の間にあるノードの子供について条件付けすることを避けることができる（たとえば図 2.4 にある合流点の子 W など）．このような条件付けをしてしまうと，親について条件付けするのと同様，X と Y の間の因果関係の伝達を歪めてしまう．

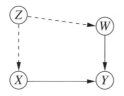

図 3.6 新薬 X, 回復 Y, 体重 W, 測定されない変数 Z（社会経済的状況）の間の関係を表すグラフィカルモデル．

実際にこれの意味することを理解するため，図 3.6 の例を見る．

ここで薬（X）が回復（Y）にどのような影響があるかを調べたい．回復に影響を与える体重（W）についても計測してある．さらに，社会経済的状況（Z）が体重と治療を受けるかどうかの選択に影響すると分かっている．しかしこの調査において社会経済的状況は計測していない．

その代わり，X から Y へのバックドア基準を満たすような観測済みの変数を見つける．グラフを見ると，W は X の子孫ではないし，バックドアパス $X \leftarrow Z \rightarrow W \rightarrow Y$ をブロックしている．したがって W はバックドア基準を満たしている．因果ストーリーが図 3.6 と一致していれば，W について調整することにより X が Y に影響する効果を得ることができる．調整化公式を使い，

$$P(Y=y|do(X=x)) = \sum_w P(Y=y|X=x, W=w)P(W=w)$$

この総和は W が観測されている限り，観測データから推定することができる．

バックドア基準を使うことにより，たとえグラフが複雑であったとしても，簡単にそして規則的に緊急な政策問題についての結論に至ることができる．図 2.8 のグラフにあるモデルを見よう．そしてここでも X が Y に与える効果を計りたいとする．効果を正しく計測するには，どの変数について条件付けすればよいだろうか．この問題に答えるには，結局のところバックドア基準を満たすような変数を探せばよいことになる．しかし X から Y へのバックドアパスはないので，答えは簡単である．バックドア基準を満たす集合は空集合である．したがって調整は必要ない．答えは，

$$P(y|do(x)) = P(y|x)$$

となる．しかしここで W について調整すると X と Y の因果関係について正

しい答えを得ることができるであろうか．W は合流点であるから，W について条件付けすると $X \to W \leftarrow Z \leftarrow T \to Y$ の道を開くことになる．この道は X から Y への因果パスの外側にあるので，擬似的である．この道を開くとバイアスが生じて，誤った答えを導き出してしまう．つまり X と Y の関係を調べるのに，W の値それぞれについて別々に計算すると，X から Y への正しい効果を得ることができない．さらに W の値それぞれについて誤った効果を得ることになるかもしれない．

ではどのようにすれば X から Y への影響を W の特定の値 w について計算することができるのであろうか．図 2.8 において，W はたとえば患者の治療後の痛みの度合いを表しており，痛みを感じなかった患者のみについて X が Y に及ぼす影響を計測したいとしよう．W に特定の値を選ぶことはつまり $W = w$ で条件付けすることである．そしてもうお気づきのように，W は合流点であるから，これにより X から Y への擬似パスを開くことになる．

ここでの正解は，さらに他の変数を使ってこの道をブロックすることができるということである．たとえば，T について条件付けすると，もし W が条件付けする変数の集合に入っていても擬似パス $X \to W \leftarrow Z \leftarrow T \to Y$ をブロックすることができる．したがってある特定の w についての因果効果 $P(y|do(x), w)$ を計算するには，T について調整し，

$$P(Y = y | do(X = x), W = w)$$
$$= \sum_t P(Y = y | X = x, W = w, T = t) P(T = t | X = x, W = w) \quad (3.11)$$

を得る．

このようにある特定の W について因果効果を計算することは効果の修飾，つまり X から Y への因果効果が異なる W の値においてどの程度変化するかを計算する際の重要なステップである．再度図 3.6 のモデルを検討する．ここで $W = w$ としたときの因果効果は $W = w'$ としたときと同じかどうか調べたいとする．（W は年齢，性別，あるいは人種などの治療前変数である．）この問題に答えるには 2 つの因果効果

$$P(Y = y | do(X = x), W = w) \ と \ P(Y = y | do(X = x), W = w')$$

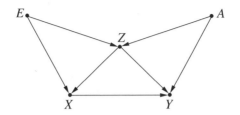

図 3.7 X から Y への効果を計算するには，バックドア基準により分岐点 Z について条件付けする必要があるグラフィカルモデル．

を比べる必要がある．

図 3.6 の例については，W がバックドア基準を満たすので答えは簡単である．この場合条件付き確率 $P(Y=y|X=x, W=w)$ と $P(Y=y|X=x, W=w')$ を比べるだけである．足し上げることはしなくてよい．より一般的に W だけではバックドア基準を満たさないがより大きな集合 $T \cup W$ が基準を満たすという場合，T の要素について調整することにより式 3.11 を得る．これについては 3.5 節で再び扱う．

これまでに見てきた例より，読者は合流点について調整することは避けるべきだという印象を持つかもしれない．しかし図 3.7 で見るように，このような調整を避けることができない場合もある．ここでは，X から Y へのバックドアが 4 つあり，すべて Z を通っている．そして Z は道 $X \leftarrow E \rightarrow Z \leftarrow A \rightarrow Y$ において合流点である．Z について条件付けするとこの道を開いてしまい，バックドア基準に違反する．すべてのバックドアパスをブロックするには，$\{E, Z\}, \{A, Z\}, \{E, Z, A\}$ のうちいずれかの集合について条件付けする必要がある．この 3 つの集合はすべて Z を含んでいる．したがって，X が Y に与える影響の不偏推定をするには合流点である Z について必ず調整しなければならない．

バックドア基準はさらに次のような利点がある．$P(Y=y|do(X=x))$ は分析の副産物ではなく，自然についての実証された事実である．つまり調整する変数または変数の集合を適切に選んでいれば，それが $PA(X)$ であれバックドア基準を満たす他のどのような集合であれ，$P(Y=y|do(X=x))$ についての結果は同一になるということである．図 3.6 の例では

$$\sum_w P(Y=y|X=x, W=w)P(W=w)$$
$$=\sum_z P(Y=y|X=x, Z=z)P(Z=z)$$

を意味する．この等式は2つの意味で役に立つ．まず，調整に適した変数の集合が複数ある場合（図3.6ではWとZがともに観測された場合など）にはどの変数について調整するかについて選択の余地があるということである．これは実務上多くの理由で便利である．ある変数は別の変数よりも計測するのに費用がかかるかもしれないし，人的エラーの起きやすい変数かもしれない，あるいはまたある変数集合は単に変数の数が多くて計算が複雑になるということなどが考えられる．

第2の理由としては，調整する変数がすべて観測されたならば，この等式はd分離基準と同様，データにおいて検証可能な条件となっていることである．この等式が成り立たないようなデータセットについては，この等式が成り立つようなモデルを無視することができる．

練習問題3.3.1 図3.8のグラフについて考える．
(a) XがYに及ぼす因果効果を計算するのにバックドア基準を満たすような変数の集合をすべて書き出せ．
(b) XがYに及ぼす因果効果を計算するのにバックドア基準を満たすような変数の集合のうち最小なものをすべて書き出せ．（最小な集合とはつまりその集合から

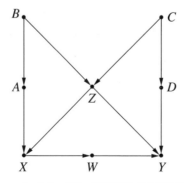

図 **3.8** バックドア基準の練習問題に使う因果グラフ．

どのひとつの変数を取り除いても基準を満たさなくなるようなものである.)

(c) D が Y に及ぼす因果効果を計算するのに計測しなければならない変数の集合のうち最小なものをすべて書き出せ. $\{W, D\}$ が Y に及ぼす因果効果を知りたい場合はどうか.

練習問題 3.3.2(Lord のパラドックス) ある全寮制の学校において,学生たちは学年の初めにその年のミールプラン A とミールプラン B のどちらかを選ぶ. そして年初と年末に学生の体重を計測した. それぞれのミールプランが学生の体重に与える影響を調べるため,学校は 2 人の統計家を雇ったが,奇妙なことにその 2 人は異なる結論に達した. 1 人めの統計家は学生の 9 月(W_I)と 6 月(W_F)の体重を比較し, 平均体重はどちらのミールプランでも変化していないとした.

2 人めの統計家は,学生を年初の体重 W_I によっていくつかのグループに分けた. この統計家は年初の体重で分けられたそれぞれのグループにおいてミールプラン B を選んだ学生の方がミールプラン A を選んだ学生よりも年末の体重が大きいことを発見した.

つまり, 1 人めの統計家はミールプランが体重に影響を及ぼしていないとし, 2 人めの統計家は影響があるとした.

図 3.9 は 2 人の統計家を矛盾した結果に至らせたデータセットである. 統計家 1 は体重の増加 $W_F - W_I$ を計測した. これはそれぞれの学生について 45°の線との垂直距離である. 確かに,それぞれのミールプランにおいて平均的な体重の変化は 0 である. どちらのミールプラングループも体重変化なしの直線 $W_F = W_I$ について対称に分布している. それに対して統計家 2 は,年初の体重が同じ W_0 である学生のうち,ミールプラン A を選んだ学生の年末の体重とミールプラン B を選んだ学生の年末の体重を比べた. 図にある垂直な直線が示すように,この垂直線上において,ミールプラン B を選んだ学生の方がミールプラン A を選んだ学生よりも上に分布している. これは W_0 の値にかかわらず言えることである.

(a) この状況を表す因果グラフを描け.
(b) どちらの統計家が正しいか.
(c) この例は Simpson のパラドックスとどのように関係しているか.

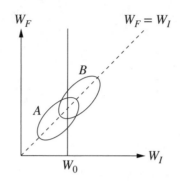

図 3.9 学生の年初の体重を x 軸，年末の体重を y 軸にとった散布図．垂直な直線は年初の体重が同じ学生を表すが，年末における体重はプラン B の学生の方がプラン A の学生よりも（平均的に）大きい．

練習問題 3.3.3 練習問題 1.2.4 の飴の例を再考する．以下の問いに答えよ．
(a) この設定を表すグラフを描け．
(b) バックドア基準を使い，どの変数について調整すべきか答えよ．
(c) 薬の投与が回復に与える影響を知るための調整化公式を書き出せ．
(d) 看護師は飴をこの調査の次の日に配るとして (a)–(c) を繰り返せ．看護師はここでも対照グループよりも処置グループの患者に飴を渡す傾向にあることとする．

3.4 フロントドア基準

バックドア基準により，非実験データから因果効果を推定する場合にどの共変量について調整すればよいかを判断することができる．しかしバックドア基準だけで因果効果を推定する方法をすべて見つけることができるわけではない．バックドア基準を満たさないグラフでちょっと見ただけでは計算できそうにない場合においても，do オペレーターを適用することにより効果を計算する方法がある．本節ではこのうちの一つであるフロントドアについて論じる．

長くに渡り議論されている喫煙と肺がんの関係について考える．1970 年以前においては，タバコ業界は喫煙と肺がんの間の相関が見られるのは，発がん性の遺伝子が先天的にニコチンを欲しがらせるためであるという理論を主張する

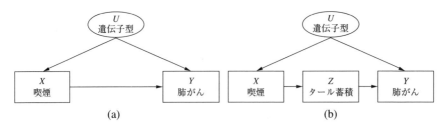

図 3.10 喫煙 (X), 肺がん (Y), 観測されない交絡因子 (U), 媒介変数 (Z) の関係を表すグラフィカルモデル.

ことにより, 禁煙に関する法整備を妨げてきた.

図3.10(a) にこの状況のグラフを示す. このグラフにおいて, U は観察されないので X から Y へのバックドアパスをブロックするのに使うことができない. このモデルでは, 喫煙が肺がんに及ぼす影響は識別不可能である. X と Y の間に見られる相関のうち, どの程度が共通の原因 U による擬似的なもので, そしてどの程度が真の効果であるのかを確かめることはできない. (しかしこの状況においても, X と Y の間に観察された相関をすべて説明するには, (観察されない) U と X の関係と U と Y の関係両方がどのくらい強くなければならないかを定量化するたいへん説得力のある研究がされている.)

しかしここで, もうひとつの計測値, 患者の肺内のタールの蓄積量が追加された図3.10(b) にあるモデルを使うことにより, さらに分析を進めることができる. このモデルはバックドア基準を満たさない. なぜならば, 擬似パス $X \leftarrow U \rightarrow Y$ をブロックする変数がないからである. それにもかかわらず, このモデルにおいて, 因果効果 $P(Y = y|do(X = x))$ は識別可能である. バックドア基準を2度にわたって適用すればよいのである.

X が Y に与える影響を調べるのに, 媒介変数 Z がどのような役割を果たすのであろうか. その答えは簡単ではない. 以下の数値例のように, 激しい議論になるかもしれない.

調査が注意深く実行され, (喫煙, アスベスト, ラドンなどの環境曝露により) がんになる危険が高いとされる 800,000 人の被験者を無作為に抽出し, 以下の変数が計測されたとする.

1. 被験者が喫煙者か否か

2. 被験者の肺に蓄積したタールの量
3. 被験者が肺がんに罹っているか否か

表3.1にこの調査によるデータを示す．簡単のため，3つの変数はすべて2値変数であるとした．すべての数値の単位は千人である．

表 **3.1** タール蓄積量について分類した喫煙者，非喫煙者の肺がん確率仮想データ（数値の単位は千人）

	タール蓄積あり 400		タール蓄積なし 400		合計 800	
	喫煙者	非喫煙者	喫煙者	非喫煙者	喫煙者	非喫煙者
	380	20	20	380	400	400
肺がんなし	323	1	18	38	341	39
	(85%)	(5%)	(90%)	(10%)	(85%)	(9.75%)
肺がん	57	19	2	342	59	361
	(15%)	(95%)	(10%)	(90%)	(15%)	(90.25%)

このデータについて，次の2つの対立する解釈をすることができる．タバコ業界はこの表は喫煙が体に良いことを証明していると言うであろう．喫煙者の15%のみが肺がんに罹り，非喫煙者では90.25%が肺がんに罹っているからである．さらに，タールの蓄積量に関する2つのグループそれぞれにおいても，喫煙者は非喫煙者と比較してかなりがんになる確率が低い．（これらの数値はもちろん現実の実証データとは異なるが，観察データを簡単に信じてはならないというポイントをよく示している．）

しかし，喫煙反対のロビイストたちはこの表がまったく逆のことを示していると言っている．つまり喫煙により実際肺がんに罹るリスクが高くなっていると言うのである．喫煙反対派の論理は以下のようである．喫煙者においては，タールが蓄積される確率は95%であるのに対して，非喫煙者では，5%である．（380/400 と 20/400.）タールの蓄積の効果を評価するのに，表3.2にあるように，喫煙者と非喫煙者の2グループを分けて考えなければならない．すべての数値の単位は千人である．

タールの蓄積はどちらのグループでも有害であるように見える．喫煙者においては，肺がんの可能性を10%から15%に上昇させ，非喫煙者においては，肺がんの可能性を90%から95%に上昇させている．したがって，生まれつきニコ

表 3.2 表 3.1 の喫煙とタールに関する分類を入れ替えたもの．(数値の単位は千人)

	喫煙者 400		非喫煙者 400		合計 800	
	タール蓄積あり	タール蓄積なし	タール蓄積あり	タール蓄積なし	タール蓄積あり	タール蓄積なし
肺がんなし	380 323 (85%)	20 18 (90%)	20 1 (5%)	380 38 (10%)	400 324 (81%)	400 56 (19%)
肺がん	57 (15%)	2 (10%)	19 (95%)	342 (90%)	76 (19%)	344 (81%)

チンを欲しがるような遺伝子を持っているかどうかに関わりなく，タールの蓄積は防ぐべきであり，そのためには喫煙しないことが効果的である．

図 3.10(b) により上の 2 つの考え方のうちどちらが正しいのか分かる．まず最初に，X が Z に及ぼす効果は識別可能である．なぜなら X から Z へのバックドアパスは存在しないからである．したがって，即座に

$$P(Z=z|do(X=x)) = P(Z=z|X=x) \tag{3.12}$$

と書くことができる．次に，Z が Y に及ぼす効果も識別可能である．なぜなら Z から Y への道，つまり $Z \leftarrow X \leftarrow U \rightarrow Y$ は X について条件付けすることによりブロックすることができるからである．したがって，

$$P(Y=y|do(Z=z)) = \sum_x P(Y=y|Z=z, X=x)P(X=x) \tag{3.13}$$

を得る．式 3.12 と式 3.13 はともに調整化公式から得られる．前者は空集合について条件付けし，後者は X について調整している．

これら 2 つの結果を合わせることにより，X が Y に及ぼす効果全体を得ることができる．論理としては以下のようになる．自然が変数 Z に値 z を割り付けるならば，Y の確率は $P(Y=y|do(Z=z))$ である．しかし変数 X の値に x を割り当てたという条件の下で，自然が変数 Z に値 z を割り付ける確率は $P(Z=z|do(X=x))$ である．したがって，Z のとりうる値 z について総和をとり，

$$P(Y=y|do(X=x)) = \sum_z P(Y=y|do(Z=z))P(Z=z|do(X=x)) \tag{3.14}$$

を得る．式 3.14 の右辺の項は式 3.12 と式 3.13 により計算できるので，これらを代入することにより do オペレーターのない形で $P(Y = y|do(X = x))$ を表現することができる．また，式 3.12 にある x と式 3.13 にある x は別物である．後者は単に足し上げる際に使用するインデックスであり，x' と表記する．最終的に，式は

$$P(Y = y|do(X = x))$$
$$= \sum_z \sum_{x'} P(Y = y|Z = z, X = x')P(X = x')P(Z = z|X = x) \quad (3.15)$$

となる．式 3.15 はフロントドア公式と呼ばれる．

この式を表 3.1 のデータに適用することにより，タバコ業界は間違っていることが分かる．タールの蓄積は，肺がんの確率を高めるという点で有害である．そして喫煙によりタールの蓄積が増えることでこの害が起きやすくなっているのである．

表 3.1 のデータはもちろん現実のものではない．このデータは，観察データを使ってナイーブに分析すると直観とは逆の結論になる場合があることを示し，読者を驚かせるために意図的に作ったものである．現実には，観察実験において喫煙と肺がんの間には正の相関が存在するであろう．式 3.15 の推定値により，喫煙が肺がんの原因になっていることを確認し，そしてその効果を定量化することができる．

これまでの分析は X から Y への道が複数ある場合に一般化することができる．

定義 3.4.1（フロントドア） 変数の集合 Z が以下の条件を満たすとき，Z は順序対 (X, Y) についてフロントドア基準を満たす．
  1. Z は X から Y への有向道をすべてブロックする
  2. X から Z へのバックドアパスは存在しない．
  3. Z から Y へのすべてのバックドアは X によりブロックされている．

定理 3.4.1（フロントドア調整） Z が (X, Y) についてのフロントドア基準を満たし，$P(x, z) > 0$ であるならば，X から Y への因果効果は識別可能であり，以下の式で与えられる．

$$P(y|do(x)) = \sum_z P(z|x) \sum_{x'} P(y|x',z)P(x') \qquad (3.16)$$

定義 3.4.1 にある条件は必要以上のものである．条件 2 と 3 を満たさない道のいくつかは，ある変数によってブロックされているならば，実は許される．このような複雑な構造を分析するための強力な記号演算法があり，これは do 計算法と呼ばれる．実は，do 計算法を使えばあるグラフが与えられた下ですべての因果効果を見つけることができる．残念ながらこれを扱うのは本書の範囲を越えている．（詳しくは Tien and Pearl 2002, Shpister and Pearl 2008, Pearl 2009, Bareinboim and Pearl 2012 などを参照されたい．）しかし調整化公式，バックドア基準，そしてフロントドア基準を組み合わせることにより多くのシナリオをカバーすることができる．因果グラフは，ただ表示するだけではなく，実際に因果情報を発見するのに強力な，目から鱗が落ちるとさえ言えるようなパワーを持つことが証明されている．

練習問題 3.4.1 図 3.8 において，X, Y ともう一つだけ変数が計測可能であるとする．X が Y に与える効果を識別するにはどの変数を計測すればよいか．そのときの効果はどのようなものか．

練習問題 3.4.2 私はある薬を買いに薬局へ行きました．その薬には 2 種類の瓶があり，一方は\$1，他方は\$10 でした．薬剤師に「どう違うんですか」と聞くと，彼は「\$10 の方は新しいのですが\$1 の方は 3 年前に入荷して今まで売れ残っているものです．でもねえ，データによると安い方をお買い上げになった方たちの方が回復率が高いんですよ．びっくりでしょう」と言いました．私は古い薬の有効成分を検査したことがあるのかと聞きました．すると彼は，「はい，でもって結果はもっと驚きなんですよ．古い薬の 95%は有効成分がなくなっていました．一方新しい薬では有効成分がなくなっているのは 5%だけなんです．でもねえ，有効成分のない薬を買った人の回復率の方が有効成分の入った薬を買った人の回復率よりもはるかに高いんですよ」

安い方の瓶を買う前に，データをよく見てみようと思いました．データはこれまでの購買客それぞれについて，どちらの瓶を買ったか（古いものか新しいものか），瓶に含まれる有効成分の濃度（高いか低いか），その客が病気から回復したか否かについての情報が集められています．データは薬剤師の言うとおりの結果を示しています．し

かし，少し計算した後で，結局私は高価な方の瓶を買うことにしました．含有成分を検査しなくても，新しい瓶の方が患者に対して平均的に高い確率で回復させてくれることが分かるからです．

2つのたいへん合理的な仮定をすることにより，データから明らかに新しい瓶の方が効果的であることが分かります．それらの仮定は以下のものです．

(i) 薬局に来る客は，手に取った瓶の薬に含まれる化学成分（有効成分の割合が高いか低いか）についての情報は持っていない．客は，価格と陳列台に置かれていた時間（新しいか古いか）のみの情報によってどちらを買うかの選択をする．

(ii) ある客に薬がどれくらい有効に効くかは，薬に含まれる化学成分にのみによって決まる．陳列台に置かれていた時間（古いか新しいか）にはよらない．

(a) この問題について適切な変数を定義し，因果グラフによりこのシナリオを記述せよ．

(b) この状況で高価な方の瓶を買うことが正しくなるようなデータを作成せよ．

(c) 仮定 (i)，仮定 (ii)，および (b) のデータを使い，新しい瓶を買った場合と古い瓶を買った場合の因果効果を計算せよ．

3.5 条件付き介入と特定共変量効果

ここまでの議論で，介入とはある変数または変数の集合 X に強制的にある値 x をとらせるものに限られていた．一般には，介入は変数 X が他の変数の集合 Z によってある特定の関係により，たとえばある関数 $x = g(z)$ により，あるいは X は $P^*(x|z)$ の確率で値 x をとるというような確率的な関係により決まる動的な過程である．たとえば，医師が体温 Z の値が z を越えるような患者に対してのみ薬を処方するとしよう．この場合行動は Z の値によるものであり，$do(X = g(Z))$ と書くことができる．ここに，$g(Z)$ は $Z > z$ のとき 1，その他の場合 0 となる．（$X = 0$ は薬を処方しないことを表す．）Z は確率変数であるから，選択される行動 X も Z に応じて変化する確率変数である．このような政策を実行した結果は確率分布 $P(Y = y|do(X = g(Z)))$ となり，X は関数 g と変数の集合 Z によってのみ決まる．

このような政策の効果を推定するために，別のコンセプト"特定z効果"について論じる．これについては3.3節（式3.11）ですでに簡単に見ている．この効果は$P(Y=y|do(X=x), Z=z)$と書ける．そしてこれは介入後，Zが値zとなるような部分集合におけるYの確率分布を表している．たとえば，特定の年齢のグループ$Z=z$について，あるいは介入後に測定した特徴の値が$Z=z$となるグループについての介入効果に興味があるという場合などである．

特定z効果はバックドア調整と同様の手順で求めることができる．以下のような論理である．$P(Y=y|do(X=x))$を推定したいという場合，もし集合SがXからYへのバックドアパスをブロックしているならばSによる調整は正しい．ここでは$P(Y=y|do(X=x), Z=z)$を求めたいのであるから，新たな変数Zを加えても道がブロックされたままでなければならない．したがって特定z効果の識別は以下のようなシンプルな基準となる．

規則2 $S \cup Z$がバックドア基準を満たすような変数の集合Sが計測可能であれば，特定z効果$P(Y=y|do(X=x), Z=z)$は識別可能である．さらに，特定z効果は以下の調整式で与えられる．

$$P(Y=y|do(X=x), Z=z) = \sum_s P(Y=y|X=x, S=s, Z=z)P(S=s|Z=z)$$

この修正調整化公式は式3.5に似ているが2つの違いがある．まず，調整する集合はSではなく$S \cup Z$である．そして，足し上げるのはSについてのみであり，Zは含まない．$S \cup Z$にある$\cup$の記号は和集合（結び）を表す．つまり，ZがSの部分集合であれば，$S \cup Z = S$であり，Sがバックドア基準を満たせばよい．

特定z効果についての識別可能性は特定しない場合よりもいくぶん厳しいことに気づかれたい．Zを条件付けする集合に加えることにより従属関係ができ，バックドアパスすべてをブロックできなくなるかもしれない．簡単な例ではZが合流点の場合が考えられる．Zについて条件付けすることにより，Zの親同士に新たな従属関係ができ，したがってバックドア基準に違反してしまうかもしれない．

さて，ここまでの議論で条件付き介入を推定するという本来の目的にとりかかる準備が整った．政策決定者が，患者の年齢 Z に応じた量の薬 x を処方するという年齢別の政策について考えているとしよう．これを $do(X = g(Z))$ とする．この政策を実施した場合の結果 Y の分布を得るのに $P(Y = y|do(X = g(Z)))$ を推定する．

このような政策の効果を計算するのは特定 z 効果 $P(Y = y|do(X = x), Z = z)$ を求めることと同値であることを示す．

$P(Y = y|do(X = g(Z)))$ を計算するのに，$Z = z$ について条件付けし，

$$P(Y = y|do(X = g(Z)))$$
$$= \sum_z P(Y = y|do(X = g(Z)), Z = z)P(Z = z|do(X = g(Z)))$$
$$= \sum_z P(Y = y|do(X = g(z)), Z = z)P(Z = z) \tag{3.17}$$

等式

$$P(Z = z|do(X = g(Z))) = P(Z = z)$$

はもちろん Z が X よりも先に起きることによる．したがって，X についての介入は Z の分布に何の影響も与えない．式 3.17 は

$$\sum_z P(Y = y|do(X = x), Z = z)|_{x=g(z)} P(Z = z)$$

と書くこともできる．これによると，条件付き介入 $do(X = g(Z))$ による効果は $P(Y = y|do(X = x), Z = z)$ において $g(z)$ を x に代入し，（観測された分布 $P(Z = z)$ により）Z について期待値をとることにより直接計算することができる．

練習問題 3.5.1 図 3.8 の因果モデルを考える．
(a) X が Y に及ぼす特定 c 効果を表す式を書き出せ．
(b) X が Y に及ぼす特定 z 効果を推定するのに計測されなければならない変数を 4 つ挙げよ．その効果の大きさを表す数式を書き出せ．
(c) (b) の答えを用いて，Z に依存する以下の政策における Y の期待値を求めよ．Z が 2 またはそれよりも小さいとき，X は値 0 をとる．Z が 2 よりも大きいとき，X は値 1 をとる．（Z は 1 から 5 までの整数値をとるとする．）

3.6 逆確率重み付け法

　ここまでの議論で，鋭い読者はこれまでの介入の手続きに問題があることに気づいたであろう．バックドア，フロントドア基準は観察研究で得られたデータから，仮定した介入の結果を予測することが可能かどうかを教えてくれる．さらに，バックドア，フロントドア基準により介入を実際に施すことなく，もっと言えば，介入について考えることさえもなく，効果を計算することができる．どちらかの基準を満たすような共変量の集合 Z を見つけ，この集合について調整化公式を利用するだけである．以上により，この介入が結果にどう影響するかについて有効な予測を必ず得ることができる．

　論理的にはこれはすばらしいことである．しかし実際には Z について調整することが問題となるかもしれない．Z のとりうる値，または値の組み合わせそれぞれにおいて X についての Y の条件付き確率をそれぞれの場合で計算，そして結果を平均することになる．Z のとりうる値，あるいは値の組の数が増えるにつれて，Z について調整することは計算量の点においても推定の点においても難しくなる．集合 Z が数十の変数からなり，それぞれの変数がさらに数十の値をとることになれば，調整化公式で必要な総和を求める際の計算量は膨大になる．また，変数がそれぞれの値 $Z = z$ をとるような標本データの数が少なくて，高い精度で条件付き確率求めることができないかもしれない．

　しかし，本章での議論がすべて無駄であったというわけではない．調整の手順は分かりやすいので，介入基準を説明する際には使いやすい．また，実は，別のうまい方法で調整にまつわる困難を避けることができる．

　本節では，この問題を回避する方法のうちひとつを論じる．これには，x と z の各値について傾向スコアと呼ばれる関数 $g(x,z) = P(X = x|Z = z)$ を推定できるということが必要である．この推定は手元のデータに柔軟な関数 $g(x,z)$ を当てはめることにより得られる．この当てはめは線形回帰で係数を求めるときと同様，ある標本において平均2乗誤差を最小化することによって行う（図1.4）．確率変数 X がたとえば連続，離散，あるいは二値であるかによって異

3.6 逆確率重み付け法

なる方法を用いる．

関数 $P(X=x|Z=z)$ が既知であるならば，これを用いて，$P(x,y,z)$ ではなくまるで介入後確率 P_m により生成したかのようなデータを作成することができる．このような人工標本を得ることができれば，標本にあるそれぞれの層 $X=x$ について単純に事象 $Y=y$ の頻度を数えることにより $P(Y=y|do(x))$ を求めることができる．以上の方法により，すべての層 $Z=z$ についての総和を求めるという労力を省くことができる．つまり自然に足し上げてもらうようなものである．

人工的に標本を作ることにより確率を推定するというアイデアは今ここで初めて出てきたわけではない．有限個の標本から条件付き確率を推定するときにはいつでも暗黙のうちに行ってきたことである．

第1章において，条件付けすることは，フィルタリングであるとした．つまり，条件 $X=x$ を満たさないようなケースをすべて無視し，残ったケースについては標準化して確率の合計が1になるようにしたのである．この作業全体で，残ったケースの確率は $1/P(X=x)$ 倍だけ水増しされている．これは Bayes の法則

$$P(Y=y, Z=z|X=x) = \frac{P(Y=y, Z=z, X=x)}{P(X=x)}$$

から直接得ることができる．

言い換えれば，新たに作成した表においてそれぞれの行の確率を求めるのに，周辺確率 $P(Y=y, Z=z, X=x)$ を定数 $1/P(X=x)$ 倍するのである．

$do(X=x)$ オペレーションにより生成される母集団について，この操作によりそれぞれのケースの確率がどのように変化するかを調べる．調整化公式

$$P(y|do(x)) = \sum_z P(Y=y|X=x, Z=z)P(Z=z)$$

を使ってこれに答えることができる．加算するそれぞれの項に傾向スコア $P(X=x|Z=z)$ を掛けて割ることにより

$$P(y|do(x)) = \sum_z \frac{P(Y=y|X=x, Z=z)P(X=x|Z=z)P(Z=z)}{P(X=x|Z=z)}$$

を得る．ここで分子は介入前における (X, Y, Z) の分布であるから，

$$P(y|do(x)) = \sum_z \frac{P(Y=y, X=x, Z=z)}{P(X=x|Z=z)}$$

と書ける．これで答えは明らかである．母集団のそれぞれのケース $(Y=y, X=x, Z=z)$ の確率を $1/P(X=x|Z=z)$ 倍すればよいのである．（これが逆確率重み付けという名前の由来である．）

以上により，有限個の標本の場合において $P(Y=y|do(X=x))$ を推定するシンプルな手順を得た．それぞれの標本を $1/P(X=x|Z=z)$ 倍し，その結果できた標本をあたかも（P ではなく）P_m から抽出されたものであるように扱うことにより，$P(Y=y|do(x))$ を推定するのである．

さらに例を使って説明するのがよいであろう．

表 3.3 は前に見た Simpson のパラドックスの例であり，男性にも女性にも効く薬が全体では逆効果になってしまうように見えるものである．以前使ったこのデータを再度使うが，今回は人数の代わりに割合を表した．ここでは，X は患者が投薬を受けたかどうか，Y は患者が回復したかどうか，そして Z は患者の性別である．

表 3.3 第 1 章で扱った新薬に関する調査結果の同時分布．（表 1.1）

X	Y	Z	全体に対する割合
薬投与	回復	男	0.116
薬投与	回復	女	0.274
薬投与	回復なし	男	0.009
薬投与	回復なし	女	0.101
薬投与なし	回復	男	0.334
薬投与なし	回復	女	0.079
薬投与なし	回復なし	男	0.051
薬投与なし	回復なし	女	0.036

表 3.4 表 3.3 において新薬を投与された患者（$X=$ 薬投与）の条件付き確率

X	Y	Z	全体に対する割合
薬投与	回復	男	0.231
薬投与	回復	女	0.549
薬投与	回復なし	男	0.017
薬投与	回復なし	女	0.203

$X=$ 薬投与で条件付けすることにより，表 3.4 を得る．これは 2 つのステッ

3.6 逆確率重み付け法

プにより作成された．まず，$X = $ 薬投与なしの列はすべて除外する．そして，残りの行は"再標準化"した．つまり確率の合計が 1 になるように定数倍したのである．ここでの定数は Bayes の定理により $1/P(X = $ 薬投与$)$ である．$P(X = $ 薬投与$)$ はこの例では表 3.3 の最初の 4 行の重みを合計したものであり，

$$P(X = 薬投与) = 0.116 + 0.274 + 0.01 + 0.101 = 0.501$$

となる．この結果得られる重みを表 3.4 に示す．各行の重みは $1/0.501 = 2.00$ 倍されている．

ここで，$do(X = $ 薬投与$)$ オペレーションにより作られた母集団について考える．これは同じ母集団に対して意図的に薬を投与した場合にあたる．

この母集団における重みの分布を計算するのに，それぞれの z の値について因数 $P(X = $ 薬投与$|Z = z)$ を計算する．これは表 3.3 より，

$$P(X = 薬投与|Z = 男) = \frac{0.116 + 0.01}{0.116 + 0.01 + 0.334 + 0.051} = 0.247$$
$$P(X = 薬投与|Z = 女) = \frac{0.274 + 0.101}{0.274 + 0.101 + 0.079 + 0.036} = 0.765$$

で与えられる．性別でそれぞれ $1/0.247$ 倍，$1/0.765$ 倍することにより，表 3.5 を得る．これは表 3.3 の母集団における介入後の分布である．この分布における回復の確率はデータから直接計算することができる．最初の 2 行を足すことにより

$$P(Y = 回復|do(X = 薬投与)) = 0.476 + 0.357 = 0.833$$

である．

表 3.5 表 3.3 において新薬投与の介入 $do(X = $ 薬投与$)$ を行った場合の確率を逆確率重みつけにより求めた．

X	Y	Z	全体に対する割合
薬投与	回復	男	0.475
薬投与	回復	女	0.358
薬投与	回復なし	男	0.035
薬投与	回復なし	女	0.132

この手順において大事な点が 3 つある．まず，再分配された重みは比例して

おらず，かなり異なっている．たとえば第1行の重みは 0.116 から 0.476 へと 4.1倍となっているが，第2行は 0.274 から 0.357 へと 1.3倍にすぎない．この重みの再分配により，ランダム化試験と同様 X は Z と独立になっている（図3.4）．

次に，注意深い読者は気づいているように，この例では計算量についてはまったく節約が起きていない．$P(Y = 回復|do(X = 薬投与))$ を推定するのに，Z のすべての値，男性と女性について足し上げなければならないからである．これに対して，Z のとりうる値の数が数千から数百万で，標本サイズが数百であるという場合には，非常に大きな計算量の節約が実現できる．このような場合，逆確率重み付け法が扱う Z の値の数は標本サイズと等しく，Z のとりうるすべての値を扱う必要がない．

最後に，重要な注意をしておく．逆確率重み付け法は倍数 $1/P(X = x|Z = z)$ にある Z がバックドア基準を満たすときのみ有効である．バックドア基準を満たさない場合にこの方法を使用すると，単純な条件付けにより Simpson のパラドックスの不条理を示すことになってしまう表 3.4 の結果よりもバイアスが大きくなるかもしれない．

これまでの議論では，そしてこれ以降においても，因果効果についての不偏推定のみを扱う．別の言い方をすれば，標本サイズが無限大に近づくにつれて，真の因果効果に近づくような推定のみを扱う．

この点はもちろん重要であるが，これが推定に関する唯一の関心というわけではない．これ以外にも，精度の問題がある．精度とは，サンプルサイズが有限であるときに推定した因果効果のばらつきのことである．特に実験ごとに推定がどのくらいばらつくかということである．明らかに，他の条件が一定であれば，精度が高く，そしてバイアスが小さいまたは存在しないような推定法が好ましい．実用上，高精度の推定ができればそれにより狭い信頼区間を得ることができる．信頼区間とは標本から得た推定が対象としている実際の因果効果をどの程度の確からしさで推定しているかを定量化したものである．本書の議論のほとんどにおいて，因果効果を推定するのに "ベストな" つまりもっとも精度の高い方法はどれかという議論はしない．本書では，標本サイズが無限大に近づくとき，観測されたデータの分布から効果を推定することが可能か否か

についての議論に絞ることにする.

たとえば, X が Y に及ぼす因果効果(上のような因果グラフ)を推定したいとする. ここに変数 X と Y はともに連続である. Z の効果により X は高い値または低い値をとりやすい傾向にあり, 中間レベルの値をとりにくいとする. この場合, 逆確率重み付け法は極端な値の X の重みを軽くする (Z によりこれら極端な値が観測されやすいため). そして実質的に X の中間付近の値に完全に重みをおいてしまう. Z の役割を考慮し, 重みを修正したデータで X が Y に及ぼす因果効果 (たとえば 3.8 節のように) を回帰モデルを使い推定した場合, 得られる推定はたいへん不正確であろう. このような場合, 通常は他のより正確な推定法を探すことになる. 本書ではこのような場合に使うことのできる他の方法についてさらに議論はしない. しかし, データから因果効果を計算することだけでなく, 効果の大きさを推定するためには有限個のデータをどのように使うべきかについての効果的な戦略を持たなければならないということは強調しておきたい.

3.7 媒　　介

ある変数が別の変数に影響を与えるという場合, 直接作用する場合と媒介変数を通じて間接的に作用する場合とがある. たとえば, 血圧と処置, そして回復についての Simpson のパラドックスの例では, 処置は回復の直接の (負の) 原因であり, また間接的な (正の) 原因でもある. 間接的な原因というのは, 血圧を媒介しているからである. 処置は血圧を下げ, 血圧の降下が回復を増進する. 多くの場合, 変数 X が変数 Y に与える効果のうち, どれほどが直接的で, どれほどが媒介されたものなのかを知っていると便利である. しかし実際には, 因果におけるこれら 2 つの効果を分離するのは困難である.

たとえば, ある会社が人材採用 (Y) において性別 (X) による差別があるかどうか, またあるとすればどの程度なのかについて知りたいとする. このような差別は性別が採用に及ぼす直接効果であり, 多くの場合違法である. しかし, 性別は別の方法でも人事採用に影響を与える. たとえば, 女性は男性よりもある分野に進みがち, または逆にその分野を避ける傾向にあるかもしれない.

図 3.11 性別，資格，採用結果の関係を表すグラフィカルモデル．

あるいはその分野において上位の学位をとる傾向にあるかもしれない．そうだとすれば性別は資格についての変数（Z）を媒介変数として間接的に採用に影響を与えているかもしれない．

性別が採用にどう影響しているかを調べるには，どうにかして資格を固定し，残った性別と採用についての関係を計測する必要がある．資格が不変であれば，採用の変数が異なることは性別のみによることになる．以前はこれは媒介変数についての条件付けにより行われていた．つまりもし P(採用決定|女性, 資格あり) が P(採用決定|男性, 資格あり) と異なれば，性別が採用に直接影響していることになる．

これは図 3.11 の例においては正しい．しかし，媒介変数と反応変数に交絡因子があったらどうであろうか．たとえば収入が考えられる．高収入の家族出身の人たちはより大学に行く傾向にあるかもしれないし，コネを使うことにより採用されやすいかもしれない．

さて，この例で資格について条件付けするということは，合流点について条件付けすることである．もし資格について条件付けしないならば，性別から採用への間接的な影響が性別 → 資格 → 採用の道を通じて伝わってしまう．しかし資格について条件付けすれば，間接的な影響は性別 → 資格 ← 収入 → 採用の道を通じて伝わってしまう．（この問題を直観的に理解するには，資格について条件付けすることにより，さまざまな収入レベルの男性と女性を比較していることに気づかれたい．なぜなら，資格を固定するために収入は変化しなければならないからである．）これをどのように見ても，性別から採用への直接効果を得ることはできない．したがって以前は統計学では媒介の問題になりそうなもののうち，直接効果が定義できない場合や推定できない場合など多くのものを扱わないことにしていたのである．

幸いなことに，媒介変数について条件付けすることなく固定できる方法がある．つまりその変数について介入するのである．条件付けをする代わりに，もし資格を固定すると，性別と資格の間の矢線（および収入と資格の間の矢線）は消える．したがって擬似従属性はここを通り抜けることができない．（もちろん応募者の資格を本当に変えることはできないが，これは前節で論じた理論的な介入であり，適当な調整により達成することができる．）したがってどの3変数 X, Y, Z についても，Z が X と Y の間の媒介変数であるとき，X の値を x から x' に変化させたとき Y の制御された直接効果（CDE: controlled direct effect）は

$$CDE = P(Y=y|do(X=x), do(Z=z)) \\ - P(Y=y|do(X=x'), do(Z=z)) \qquad (3.18)$$

で定義される．

この定義の方が条件付けによる定義よりも明らかに優れている点は，こちらの方がより一般的であるということだ．これは関係 $Z \to Y$（$X \to Z$ や $X \to Y$ についても同様）が交絡している場合でさえも，"Z を一定に保つ" という意図をとらえている．特に，この定義によれば観測された確率から介入後の確率が識別可能であるどのような場合においても，X が Y に与える直接効果を推定することができる．ここで，Z の値によって直接効果は異なるかもしれないことに気づかれたい．たとえば，採用のしかたが，高い資格を要求する仕事においては女性を差別し，低い資格を必要とする仕事については男性を差別しているということがあるかもしれない．したがって，直接効果の全体像をつかもうという場合，Z の適切な範囲の値 z すべてについて計算しなければならない．（線形モデルではこれは必要ない．詳細は 3.8 節を参照のこと．）

式が do オペレーターを2つ含んでいる場合に，どのようにして直接効果を推定できるであろうか．ここでも，3.2 節で，1つの do オペレーターを調整により処理したときとほぼ同様のテクニックが使える．図 3.12 の例では，まずモデルに X から Y へのバックドアパスがないことに気づかれたい．したがって $do(x)$ を単純に x についての条件付けで置き換えることができる．（これによりすべての交絡因子について調整することになる．）結果は

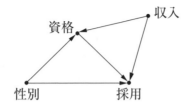

図 3.12 資格 Z が性別 X と採用結果 Y の媒介となり,また収入 I が資格と採用結果の交絡因子となっているグラフィカルモデル.

$$P(Y=y|X=x, do(Z=z)) - P(Y=y|X=x', do(Z=z))$$

となる.次に $do(z)$ を取り除きたいのであるが,Z から Y へのバックドアパスが2つある.一つは X を通るもの,もう一つは I を通るものである.前者は(X について条件付けしているので)ブロックされている.後者は I について調整することによりブロックすることができる.以上より

$$\sum_i [P(Y=y|X=x, Z=z, I=i) \\ -P(Y=y|X=x', Z=z, I=i)] P(I=i)$$

を得る.この式には do が含まれていない.つまり非実験データから推定することができる.

一般に,X が Y に及ぼす CDE が Z により媒介されているとき,以下の2つの条件が満たされていれば識別可能である.

1. Z から Y へのバックドアパスをすべてブロックする変数の集合 S_1 が存在する.
2. Z に向かう矢線をすべて削除したとき,X から Y へのバックドアパスをすべてブロックする変数の集合 S_2 が存在する.

モデル M において上記2つの条件が満たされれば,適当な変数について調整し,そして結果得られる条件付き確率を推定することにより,データから $P(Y=y|do(X=x), do(Z=z))$ を求めることができる.2番めの条件はランダム化試験では必要ではない.なぜなら X がランダムであればそれはつまり親がいないということだからである.同様なことは X が外生変数であると判断される場合(ランダムであるかのように扱うことができる)にもいえる.前述の性別による差別の例がこれにあたる.

間接効果は直接効果よりもさらに難しい．なぜなら，X が Y に及ぼす直接効果を条件付けにより取り除く方法がないからである．総合効果と直接効果を計算することができるのであれば，間接効果は単にその2つの差をとればいいのではないかと思われるかもしれない．これは線形システムについては正しいかもしれないが，非線形システムではこのような差はあまり意味をなさない．Y の変化は，たとえば X と Z の交互作用に依存するかもしれない．前に仮定したように，女性は高い資格を要求されるような仕事で，また男性は必要とされる資格が低いような仕事において差別されているとすると，総合効果から直接効果を引いても，性別が資格を媒介して採用に与える効果について分かることはほとんどない．明らかに，総合効果と直接効果に依存しないような間接効果の定義が必要とされる．

第4章において，この問題は反事実により解決することができることを示す．反事実とは，介入を改良して個体レベルで適用するようにしたものであり，構造モデルから計算することができる．

3.8 線形システムにおける因果推論

本書で紹介している因果分析法の長所のひとつは，モデルを構成する数式がどのような種類のものであっても機能するということである．d 分離やバックドア基準は2つの変数間の関係について何の仮定も必要としない．ただ関係が存在していればよいのである．

しかし，ノンパラメトリックな観点から因果分析法の例を挙げて説明しているだけではこれらの手法が線形システムにおいてどれほど役に立つかを明らかにすることができない．歴史的に社会科学や行動科学の因果分析は主に線形システムについて行われている．多くの統計学者は線形システムを広範囲にわたって扱うし，ほとんどすべての統計家は線形システムをよく知っているから，線形システムにおける因果推論を論じないのはよくないであろう．

本節では，因果に関する仮定や結果が線形方程式で表されるシステムにおいてどのように振る舞うか，そしてこれらのシステムにおいて，因果の問題に答えるのにグラフがどのように使えるかについて深く論じる．本節はノンパラメ

トリックなモデルでの方法を確かめることにもなるし，因果推論を特に線形システムにおいて応用したい読者にとっての有用な手引きとなるであろう．

例を挙げる．交絡因子について調整した後で避妊薬が血圧に及ぼす効果を知りたい．放課後の勉強会に参加することがテストの点に与える総合効果を知りたい．放課後の勉強会がテストの点に与える効果のうち，他の変数によって媒介されていない直接効果を知りたい．職業トレーニングに参加することが将来の収入に与える効果を知りたい．この場合参加することと収入の間にはたとえばモチベーションのような交絡因子がある．以上のような問題は連続変数を伴っており，以前からずっと線形方程式のモデルで定式化されながら，それらの方程式の持つ因果的性質についてはあまり注意が払われてこなかった．本節ではこの性質を明確に扱う．

本節で扱うモデルすべてにおいて，変数間の関係は線形であり，誤差項はすべて正規分布するものと仮定する．（対称な分布であることのみが必要だという場合もある．）このような仮定により，因果分析に必要となる手順がおおいに簡素化される．我々は1変数の正規分布を示す釣鐘形曲線はよく知っている．統計学でこの分布がなぜこれほどよく使われるかというと，身長，体重，収入，死亡率などのように一つ一つにノイズがあるデータを足し合わせてマクロなデータを得るような場合にたいへん頻繁に現れるからである．しかし，ここで正規分布を利用する主な理由は，正規分布に従う変数が複数ある場合，これらを合わせた同時分布の性質を利用できるからである．正規分布を仮定することにより，線形システムにおいてたいへん有用な以下の4つの特性を利用することができる．

1. 効率よく記述できる．
2. 確率の代わりに期待値を使うことができる．
3. 期待値の線形性
4. 回帰係数の不変性

まずは2変数 X と Y の場合から始める．同時分布は3次元空間での（X–Y 平面から山がそそり立っているような）釣鐘形をしており，その釣鐘においてある高さで切った断面は図1.2にあるような楕円をしている．1.3.8項や1.3.9項にあるように，このようにして得られる楕円はどれも5つのパラメーター μ_X,

$\mu_Y, \sigma_X, \sigma_Y, \rho_{XY}$ により定義される．パラメーター μ_X と μ_Y は X–Y 平面における楕円の位置（あるいは重心）を表し，標準偏差 σ_X と σ_Y がそれぞれ X 方向と Y 方向についてのばらつきを，そして相関係数 ρ_{XY} が楕円の軸の方向を表す．3次元において同時分布を図示するベストな方法は楕円形のラグビーボールが X–Y–Z 空間にぶらさがっているのを想像するとよい（図1.2）．ある Z の値においてラグビーボールを切ると，図1.1のように2次元の楕円となる．

より高次元で，N 個の正規分布に従う確率変数 $X_1, X_2, \ldots, X_N$ を考える場合，さらに他のパラメーターを考える必要はない．$N(N-1)/2$ 組の (X_i, X_j) を記述するだけで十分である．つまり，$(X_1, X_2, \ldots, X_N)$ の同時分布を記述するには，1から N までの i と j について (X_i, X_j) の2変数正規分布 $(i \neq j)$ の確率密度関数により完全に記述することができる．これは，N 変数正規分布をたいへん簡単に記述できるという意味で非常に便利な特徴である．さらに，各組の同時分布は5個のパラメーターにより記述されるため，N 変数の場合の同時分布には最大でも $5 \times N(N-1)/2$ 個のパラメーター（平均，分散，共分散）のみが必要である．それぞれのパラメーターは期待値により定義される．実は，パラメーターの総数はさらに小さくて，$2N + N(N-1)/2$ 個である．最初の項が平均と分散の数で，2つめの項が相関の数である．

多変量正規分布にはもう一つ有用な特徴がある．すべてが期待値で定義されているため，離散的確率変数を扱っていたときとは異なり，確率の多元分割表を使わなくてよいのである．条件付き確率は条件付き期待値で表現できる．またグラフィカルモデルの構造を定義する条件付き独立などの概念は条件付き期待値同士の等式で表すことができる．たとえば，Z の下での Y と X の条件付き独立

$$P(Y|X,Z) = P(Y|Z)$$

を表現するのには，

$$E[Y|X,Z] = E[Y|Z]$$

とすればよい．（ここに Z は変数の集合である．）

このような正規システムの特徴によりたいへん便利なことが起きる．確率の代わりに期待値が使えるということから因果情報を得るのに回帰（予測法）が

使えるのである．次に，正規分布の特徴として線形性が使える．条件付き確率 $E[Y|X_1, X_2, \ldots, X_n]$ は条件付けする変数の線形結合として表すことができる．正式には，

$$E[Y|X_1 = x_1, X_2 = x_2, \cdots, X_n = x_n] = r_0 + r_1 x_1 + r_2 x_2 + \ldots + r_n x_n$$

ここに，傾き $r_1, r_2, \ldots, r_n$ はそれぞれ 1.3.10 項と 1.3.11 項で定義された偏回帰係数である．

これらの傾きの大きさは独立変数と呼ばれる条件付けをする変数 $x_1, x_2, \ldots, x_n$ の値に依存しない．これらは独立変数にどの変数が選ばれたかのみに依存する．つまり，Y が観測値 $X_i = x_i$ により変化する量は回帰に含まれる他の変数の値には依存せず，どの変数を計測したかのみに依存するのである．$X_i = 1$ であろうが $X_i = 2$ であろうが $X_i = 312.3$ であろうが関係ないのである．Y を $X_1, X_2, \ldots, X_n$ に回帰している限りは傾きはすべて変わらない．

正規分布のこのユニークで有用な特徴は第 1 章の図 1.1 と図 1.2 に示されている．図 1.1 はどの年齢レベルにおいても Y を X に回帰したときの傾きは同じである．しかし，年齢を固定しなければ（年齢に回帰しなければ）図 1.2 にあるように傾きはまるで異なった値になる．

線形を仮定すれば，因果グラフの辺にパス係数（または構造係数）を添えることによりモデルに含まれる関数を完全に記述することができる．辺 $X \rightarrow Y$ についてのパス係数 β はモデルで Y を決定する関数において X の寄与を数値化したものである．たとえば，関数が $Y = 3X + U$ であるならば，$X \rightarrow Y$ のパス係数は 3 である．パス係数 $\beta_1, \beta_2, \ldots, \beta_n$ は 1.3 節で論じた回帰係数 $r_1, r_2, \ldots, r_n$ と根本的に異なる．前者は"構造的"あるいは"因果的"であり，後者は統計的である．この 2 つの相違については次節で論じる．

回帰分析の多くはこれらよりもはるかに一般的であり，変数 $X_1, \ldots, X_k$ は多変量正規分布以外の場合，たとえばいくつかの X_i はカテゴリー型や 2 値である場合などを含む．このように一般的であることにより，条件付き期待値 $E[Y|X_1 = x_1, \ldots, X_k = x_k]$ が X_i の非線形結合を含むことができる．たとえば $X_1 X_2$ 項により効果の修飾，つまり交互作用をモデルすることができる．X_i の値により条件付けをするので，通常これらの変数の分布について何らかの仮

定は必要ない．それでも多変量正規分布を仮定することにより構造的因果モデルについてかなりの知見を得ることができる．

3.8.1 構造方程式の係数 vs 回帰式の係数

これから線形モデルを議論するので，当然ながら回帰式のような等式を扱うことになる．回帰式と本書全体で使う SCM の構造方程式の違いを正確に理解することはたいへん重要である．回帰式は記述的であり，因果については何の仮定もしない．$y = r_1 x + r_2 z + \epsilon$ と書くとき，これは X と Z が Y の原因になっていることを意味していない．どのような r_1 と r_2 の値を使えば $y = r_1 x + r_2 z + \epsilon$ がデータの線形近似，つまり $E[y|x,z]$ の線形近似としてベストなものになるかを知りたいというだけである．

構造方程式と回帰式の根本的な相違を明確に区別するため，構造方程式では等号ではなく，矢線を代わりに使う本もある．またフォントを変更して係数を区別している本もある．本書では構造方程式の係数を α, β など，回帰係数は r_1, r_2 などと表記することにより区別する．さらに，式にある確率的"誤差項"についても区別する．回帰式の誤差項は式 1.24 にあるように ϵ_1, ϵ_2 などと表記し，構造方程式では SCM 1.5.2 にあるように U_1, U_2 などと表記する．前者はデータに $y = r_1 x + r_2 z$ を当てはめた値と観測値との間の残差であり，後者は Y に影響を与えるもののそれ自体は X によらないような見えない因子（錯乱項や省略変数とも呼ばれる）である．また前者は（当てはめが完全でないため）人間が作ったもの，後者は自然が作ったものである．

回帰方程式は因果を表してはいないが，それでも線形システムに関係しているので因果の分析では重要な役割を果たす．3.2 節では，介入効果をたとえば式 3.5 の調整化公式などのように条件付き確率として表現することができた．線形システムでは，条件付き確率の役割は回帰係数にとってかわられる．なぜならば，これらの係数はモデルによる従属関係を表しているからである．さらにそれら係数は最小 2 乗法により簡単に推定することができる．同様に，ノンパラメトリックモデルにおける検証可能な関係は条件付き独立性で表されるが，このような独立性は線形モデルでは，1.3.11 項にあるように，回帰係数が 0 になることにより示される．具体的には，回帰式

$$y = r_0 + r_1 x_1 + r_2 x_2 + \cdots + r_n x_n + \epsilon$$

において $r_i = 0$ であれば Y は X_i と，他のすべての回帰変数の下で条件付き独立である．

3.8.2 構造方程式の係数の因果的解釈

ある線形システムにおいて，パス係数はどれも独立変数 X が従属変数 Y に及ぼす直接効果を表している．これを理解するには，3.7 節にある直接効果の定義（式 3.18）を見るとよい．ここでは X を 1 単位増加させ，それ以外の Y の親については固定したままのとき，Y はどのように変化するかを計算するものである．この定義をどのような線形システムに適用しても，錯乱項に相関があるか否かにかかわらず，結果は矢線 $X \to Y$ のパス係数となる．

たとえば，図 3.13 のモデルを考える．Z から Y への直接効果を推定したいとする．モデル全体の構造方程式は

$$X = U_X$$
$$Z = aX + U_Z$$
$$W = bX + cZ + U_W$$
$$Y = dZ + eW + U_Y$$

と書ける．グラフにおいて，Y の親は他に W のみであるから，式 3.18 を期待値の形式で書くことにより

$$DE = E[Y|do(Z=z+1), do(W=w)] - E[Y|do(Z=z), do(W=w)]$$

を得る．do オペレーターを適用し，モデルから適当な等式を削除すると，DE における z の増加後の項は $d(z+1) + ew$ となり，増加前の項は $dz + ew$ となる．予想されたとおり，2 つの間の差は Z と Y の間のパス係数 d である．以上のような計算が可能なのは，do オペレーターの定義（式 3.18）が U 因子同士の相関については何も仮定していないことによる．等式 $DE = d$ は，誤差項 U_Y と U_Z の間に相関があったとしても成り立つ．ただしその際には d が識別不可能となってしまうが．同様なことが他の直接効果についても言える．誤差

3.8 線形システムにおける因果推論　　111

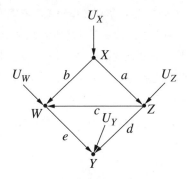

図 3.13　パス係数と総合効果の関係を示すグラフィカルモデル.

項がどのような分布であろうとも，構造方程式の係数はすべて直接効果を表している．ここでの計算に，変数 X や係数 a, b, c などは関係ないことに気づかれたい．なぜならこれらは do オペレーターにより必要な"外科手術"によりモデルから取り除かれたからである．

　直接効果についての以上の議論はたいへんうまくいったが，Z から Y への総合効果についてはどうであろうか．

　線形システムでは，X から Y への総合効果は X から Y へのバックドアでないパスの辺の係数の積の総和である．

　これでは少し分かりにくいので，以下のプロセスを考えるとよい．X が Y に及ぼす総合効果を計算するには，まず X から Y へのバックドアでないパスをすべて見つける．それらのひとつひとつについて，パスにある係数を掛け合わせ，その結果を足し上げればよいのである．

　これが成り立つのは SCM の性質による．再度図 3.13 にあるグラフを検討する．Z から Y への総合効果を知りたいのであるから，まず Z について介入しなければならない．つまり Z に向かうような矢線はすべて取り除く．そして残ったモデルにおいて Y を Z で表す．これを実行すると以下のようになる．

$$Y = dZ + eW + U_Y$$
$$= dZ + e(bX + cZ) + U_Y + eU_W$$
$$= (d + ec)Z + ebX + U_Y + eU_W$$

最終行は $Y = \tau Z + U$ の形をしている．ここに $\tau = d + ec$ である．そして，

U は修正したモデルにおいて Z に依存しない項のみでできている．したがって，Z を 1 単位増加させると，Y は τ だけ増加する．これは定義により総合効果である．少しの考察により τ は Z から Y へのバックドアでない 2 つのパスの係数を掛け合わせて合計したものであると分かる．この結果はすべての線形モデルについて成り立つ．数学的にそうなるしかないのである．さらに積を合計するという規則は U にある変数がどのような分布であるか，またそれらが従属であるか独立であるかに依存しない．

3.8.3 構造方程式の係数と因果効果の識別

これまでのところ総合効果と直接効果をパス係数を使って表してきた．後者は前提として，既知であるか，あるいは介入実験により推定される．ここではより困難な問題に立ち向かうことにする．非実験データから総合効果と直接効果を推定するのだ．この問題は"識別可能性"と呼ばれ，数学的には総合効果と直接効果についてのパス係数を共分散 σ_{XY} または回帰係数 $R_{YX \cdot Z}$ を用いて表すことになる．ここに X と Y は，モデルにある任意の 2 変数，Z はモデル内のある変数の集合である（1.3.11 項の式 1.27 と式 1.28 参照）．

しかし多くの場合，直接効果と総合効果を分けるには，モデルに含まれるすべての構造方程式の係数を求めなければならないわけではない．総合効果 τ を例に説明しよう．バックドア基準が X から Y への因果効果を決定するのにどの変数集合 Z について調整すればよいかを教えてくれる．では，線形システムにおける効果を決定するにはこの基準をどのように使えばよいであろうか．原理的には，集合 Z が得られれば，X と Z の条件の下における Y の条件付き期待値を推定することができる．そして，Z について平均することにより得られる Y と X の関係を使って X から Y への影響を計ることができる．この手順を回帰の言葉に翻訳すればよいのである．

この翻訳は比較的容易である．最初に，モデルにおいて X から Y へのバックドア基準を満たすような共変量の集合 Z を見つける．そして，Y を X と Z に回帰する．これにより得られた式における X の係数が X から Y の真の因果効果を表す．この根拠は，そもそもバックドア基準を証明したときのものと同様である．Z に回帰することにより，それらの変数を等式に含むことになるが，

3.8 線形システムにおける因果推論

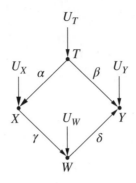

図 3.14 X から Y への直接効果がないグラフィカルモデル．総合効果は T について調整することにより得られる．

このとき X から Y へのバックドアパスをブロックすることにより，X の係数がそれらのパスから擬似情報を受けないようにしている．

たとえば，図 3.14 のグラフに従う線形モデルを考える．X から Y への総合因果効果を見つけるのに，まずはバックドア基準を使うことにより，T について調整しなければならないことが分かる．したがって Y を X と T に回帰する．回帰式は $y = r_X X + r_T T + \epsilon$ である．係数 r_X は X から Y への総合効果を表す．この識別はモデルのパラメターが分からなくても，また変数 W を測定しなくても可能である．グラフの構造そのものから W を無視でき，Y を T と X のみに回帰し，その回帰における X の回帰係数が（X から Y への）総合効果である．

次に総合因果効果の代わりに X が Y に及ぼす直接効果について調べたいとする．線形システムにおいては，この直接効果はシステムにおいて Y を決定する関数 $y = \alpha x + \beta z + \cdots + U_Y$ における係数 α である．図 3.14 のグラフから $\alpha = 0$ であると分かる．なぜならば，X から Y へ直接向かうような矢線は存在しないからである．したがって特にこの場合は答えは簡単である．直接効果は 0 である．しかし一般的には，モデルのみからではすぐには値が分からないという場合，データからどのように α の大きさを調べることができるであろうか．

一般的には，バックドアに類似した手続きを踏むことができる．ただしここでは，バックドアパスだけでなく，X から Y への間接パスもブロックする必要

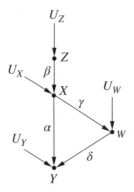

図 3.15 X から Y への直接効果 α を示すグラフィカルモデル.

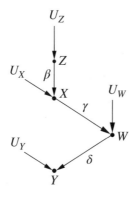

図 3.16 X と Y の間の辺を削除すると,変数の集合 $\{W\}$ が d 分離していることが分かる.このようにして X から Y への直接効果を計算するのにどの変数について調整すればよいかが分かる.

がある.最初に,X から Y への辺を(もしそのような辺があれば)削除する.これによりできたグラフを G_α とする.G_α に X と Y を d 分離するような変数の集合 Z が存在すれば,単に Y を X と Z に回帰すればよい.これにより得られた式における X の係数が構造方程式の係数 α である.

以上の手続きは"識別のための回帰の法則"とでも呼べるであろうか.この法則によりどのパラメターであっても(たとえば α)最小 2 乗回帰(OLS: ordinary least square)により識別できるかどうか迅速に判定できる.また,もし識別可能な場合,どの変数が回帰式に含まれなければならないかも判定できる.たと

えば，図 3.15 の線形モデルにおいて，X から Y への直接効果をこの方法により知ることができる．まず X と Y の間の辺を取り除き，図 3.16 のグラフ G_α を得る．この新しいグラフにおいて，W は X と Y を d 分離することは容易に分かる．したがって $Y = r_X X + r_W W + \epsilon$ により Y を X と W に回帰する．係数 r_X は X から Y への直接効果である．

以上の考察をまとめると，2 つの興味深い特徴に気づく．まず，線形システムにおいては，回帰分析が因果効果の識別と推定において大きな役割を果たす．その効果を推定するには，回帰式を書き出し，(1) 回帰式にどの変数が含まれるべきか，そして (2) その式に含まれるどの係数が現在目をつけている効果を表しているかについて明らかにすればよい．あとは標本データに通常の最小 2 乗法を適用するのみである．これは前述のとおり多くのソフトウェアパッケージで効率的に実行することができる．次に，U の変数が互いに独立であるならば，そしてグラフにあるすべての変数が測定されているならば，構造方程式の係数はすべて上記の方法で求めることができる．つまり係数のうちのひとつが推定しようとしているパラメターに対応しているような回帰式が少なくともひとつは存在する．このような式のうちひとつはもちろん Y の親を入力変数とする構造方程式そのものであるが．しかし，他にもいくつか識別できるような方程式があるかもしれないし，その中には推定のためのよい特徴を持つものがあるかもしれない．これらのことはグラフィカル分析によりすべて明らかにすることができる（SCM 3.8.1(c) 参照）．さらに，測定されていない変数がある場合，あるいは誤差項が相関を持つ場合には，構造方程式そのものから識別に使える回帰式を見つけ出すのは通常困難である．その場合 G_α の手順が不可避となる（SCM 3.8.1(d) 参照）．

驚くべきことに，回帰の法則はおよそ 100 年ものあいだ研究者に気づかれないままであった．これはおそらくグラフを利用しないで数式のみによって表現することがきわめて難しいことによる．

しかし G_α において X と Y を d 分離するような変数の集合がなかったとする．たとえば，図 3.17 において，X と Y には点線で描かれた双方向矢線で表されるような観測されていない共通の原因があるとする．計測されていないので，これについて条件付けすることはできない．したがって X と Y は常にそ

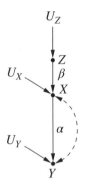

図 3.17 このグラフィカルモデルにおいては，X から Y への直接効果を調整により求めることはできない．なぜなら，点線の双方向矢線で表されるように，計測されない変数によるバックドアパスが存在するからである．この場合，Z は X から Y への効果についての操作変数となっており，α を識別することができる．

の共通の原因に依存することになる．特にこのケースでは，直接効果を計算するのに操作変数を使うとよい．操作変数とは G_α において Y と d 分離されており，かつ X と d 連結なものである．どのようにすればこの変数により構造方程式の係数を見つけることができるかを理解するために，図 3.17 を注意深く検討する．

図 3.17 では，Z は X から Y への効果についての操作変数である．なぜなら，X に d 連結されており，また G_α において Y と d 分離されているからである．X と Y を別々に Z に回帰すると，回帰線 $y = r_1 z + \epsilon$ と $x = r_2 z + \epsilon$ がそれぞれ得られる．Z にはバックドアがないので r_2 は β に等しく，r_1 は Z から Y への総合効果 $\beta\alpha$ に等しい．したがって，係数 α は比 r_1/r_2 により求めることができる．この例はどのようにすれば総合効果から直接効果を求めることができるかを，そしてその逆はできないことを示している．

グラフィカルモデルによりシステムにある操作変数をすべて見つけることができる．しかしそれらをすべて見つける方法については本書の取り扱う範囲を越える．より深く学びたい読者は Chen and Pearl 2014，Kyono 2010 などを参照されたい．

練習問題 3.8.1

SCM 3.8.1

$$Y = aW_3 + bZ_3 + cW_2 + U \qquad X = t_1 W_1 + t_2 Z_3 + U'$$
$$W_3 = c_3 X + U'_3 \qquad W_1 = a'_1 Z_1 + U'_1$$
$$Z_3 = a_3 Z_1 + b_3 Z_2 + U_3 \qquad Z_1 = U_1$$
$$W_2 = c_2 Z_2 + U'_2 \qquad Z_2 = U_2$$

上のモデルについて，以下の問いに答えよ．（すべて示された回帰式における回帰係数により答えること．）

(a) このモデルにおいて検証可能な関係を3つ挙げよ．
(b) X, Y, W_3, Z_3 のみが観測されている場合，検証可能な関係をひとつ挙げよ．
(c) モデルのパラメターそれぞれについて，回帰係数のひとつがそのパラメターになるような回帰式を書き出せ．このような回帰式が複数存在するようなパラメターはどれか．
(d) X, Y, W_3 のみが観測されたとする．このデータから識別可能なのはどのパラメターか．X から Y への総合効果を推定することはできるか．
(e) Z_1 をモデルのその他の変数すべてに回帰した場合，どの回帰係数が0となるか．
(f) 図 3.18 のモデルでは，新たな変数を独立変数としてモデルに加えても係数が変化しないような変数がいくつかある．このような係数を5つ答えよ．またどの

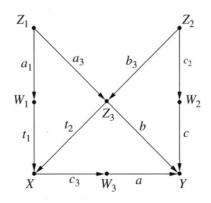

図 3.18　SCM 3.8.1 を表すグラフ．

変数を独立変数に加えたときにその変数が変わらないかも答えよ.
(g) 変数 Z_2 と W_2 は観測できないものとする. 回帰係数を用いて b を推定する方法を答えよ. ヒント:Z_1 が b の操作変数になるような方法を見つけるとよい.

3.8.4 線形システムにおける媒介

変数間に線形を仮定することができる場合,媒介分析は非線形あるいはノンパラメトリック分析(3.7節)の場合よりもかなり簡単になる.たとえば,X から Y への直接効果を推定することは,変数間のパス係数を推定することになり,またこれは 3.8.3 項で紹介したテクニックにより相関係数を推定することに帰着する.同様に間接効果は $IE = \tau - DE$ の差を計算することで得られる.ここに τ は総合効果で,図 3.14 に示したような方法で回帰により推定することができる.一方非線形システムの場合は,直接効果は式 3.18 のような形で,あるいは

$$DE = E[Y|do(x,z)] - E[Y|do(x',z)]$$

と表せる.ここに $Z = z$ は Y の(X 以外の)すべての親のある特定の層である.識別条件が満たされ,do オペレーターを(調整により)通常の条件付き期待値に書き直せたとしても,結果は x, x', z の値に依存する.さらに,間接効果は do 表現を使って定義することはできない.なぜなら変数を固定し,Y が X の変化に応じて変化しないようにすることができないからである.間接効果はまた総合効果と直接効果の差として定義することもできない.なぜならこのような差は非線形システムにおける X への操作を正しくとらえていないからである.

このような操作は第 4 章(4.4.5 項と 4.5.2 項)において反事実の用語を使うことにより導入する.

参 考 文 献

練習問題 3.3.2 は Lord のパラドックス(Lord 1967)の別バージョンであり,Glymour 2006, Hernandez-Diaz et al. 2006, Senn 2006, Wainer 1991 で論じ

られている．全体を統合する議論は Pearl 2016 を参照されたい．修正モデルにおける do オペレーターと ACE の定義は概念的には Trygve Haavelmo 1943 に遡る．これはモデルの式に手を加えることにより介入を仮想的に実現した最初のものである（歴史的背景については Pearl 2015c を参照）．Strotz and Wald 1960 は後に X を決定する等式を"消去"することを提唱した．そして Spirtes et al. 1993 はこれをグラフで表現する方法を与え，"修正グラフ"と呼んだ．式 3.5 にある"調整化公式"および"トランケート乗法公式"は最初 Spirtes et al. 1993 に現れたが，これらは Robins 1986 での反事実の仮定を利用して導かれた G 推定公式ですでに暗に使われていた．定義 3.3.1 のバックドア基準および調整との関係は Pearl 1993 で紹介された．フロントドア基準，および観察データと実験データから因果効果を識別する一般的な分析法（do 計算法と呼ばれる）は Pearl 1995 で紹介され，Tian and Pearl 2002, Shpitser and Pearl 2007, Bareinboin and Pearl 2012 などでさらに改良された．3.7 節，および条件付き介入と特定 c 効果を識別することは Pearl 2009, pp. 113–114 に基づく．これを動的な時変政策に拡張したものは Pearl and Robins 1995, Pearl 2009, pp. 119–126 に詳しい．さらに近年，do 計算法は外部有効性，データフュージョン，メタ分析などの問題に使われている（Bareinboin and Pearl 2013, Bareinboin and Pearl 2016, Pearl and Bareinboin 2014）．交互作用，または効果の修飾を評価する際の特定共変量効果については Morgan and Winship 2014, VanderWeele 2015 に詳しい．規則 2 を潜在的異質性に応用する方法は Pearl 2015b で論じられている．3.6 節にある逆確率重み付け法のさらなる議論は Hernan and Robins 2006 にある．本章における媒介（3.7 節）および CDE の識別は Pearl 2009, pp. 126–130 による．直接効果を評価するのに媒介変数について"条件付け"することが誤っていることは Pearl 1998 および Cole and Hernán 2002 に示された．

媒介に関する研究は過去 15 年間で非常に活発になった．これは主に反事実の論理（4.4.5 項を参照）の発展による．この進歩についての包括的説明は VanderWeele 2015 にある．線形システムにおける因果推論について，係数の識別に焦点を当てて（3.8 節）網羅的に解説したものに Chan and Pearl 2014 がある．回帰式と構造方程式の区別についてさらなる議論は Bollen and Pearl 2013

を参照されたい.

構造方程式の係数と回帰係数の関係についての古典的研究で, ベストな教科書はいまだ Heise 1975 である (オンラインアクセス http://www.indiana.edu/~socpsy/public_files/CausalAnalysis.zip). Duncan 1975, Kenny 1979, Bollen 1989 なども古典である. しかし古いテキストは, バックドアや G_α を利用するような (SCM 3.8.1 を参照) グラフィカルな識別ツールが不足している. 近年の例外として Kline 2016 がある.

操作変数に関する導入は Greenland 2000 や多くの計量経済学の教科書に見られる (Bowden and Turkington 1984, Wooldridge 2013). 操作変数を一般化し, 3.8.3 項の古い定義を拡張したものが Brito and Pearl 2002 にある.

DAGitty というプログラム (http://www.fagitty.net/dags.html) はグラフの操作変数を探し, IV 推定値を返す (Textor et al. 2011).

4 反事実とその応用
Counterfactuals and Their Applications

4.1 反　事　実

　昨夜車で帰宅途中，私は分岐点に至り，フリーウェイを使うか（$X = 1$）またはセプルベダ ブルバードという下の道を使うか（$X = 0$）という選択をしなければならなかった．私はセプルベダを選んだが，渋滞はひどく発進しては停止の繰り返しであった．1時間後に家に着いたとき，私は"しまった．フリーウェイを使うべきだった．"と思った．

　"フリーウェイを使うべきだった．"とはどういう意味であろうか．口語では"もしフリーウェイを使っていたら，もっと早く家に着いただろう．"という意味である．科学的な言い方をすると，私の推測では，同じ日にまったく同様の状況で私の運転の仕方も同じであったとして，フリーウェイを使った場合の方が実際の場合よりも運転時間が短かったであろうということを意味する．

　このような文，つまり"もし"を含むような文でその"もし"が実は真ではない，あるいは実現しなかったようなものを反事実と呼ぶ．反事実の"もし"の部分は仮定条件，あるいはより頻繁に前提と呼ばれる．反事実はただ一つの条件のみが異なり，それ以外はまったく同じ条件で2つの結果（たとえば運転時間）を比較したいのだということを強調するのに使われる．そのただ一つの前提というのがこの場合下の道を通らないでフリーウェイを使うということである．実際の決断に基づく結果が既知であるという事実は重要である．なぜなら，実際の決断（セプルベダ）の結果を見た後と前ではフリーウェイでの推定運転時間はまったく異なるかもしれないからである．1時間かかったという結果は

たとえばその日は特に交通渋滞がひどかったとか山火事の影響であったかもしれないというような評価をする際の重要な証拠となる．私が"フリーウェイを使うべきだった．"と言ったときに，これはセプルベダがスムーズに進んでいなかった理由が何であれ，その理由となった事象はフリーウェイではそれほど運転時間に悪影響を及ぼさなかったであろうという判断を示している．後になって考えると，フリーウェイを使っていれば運転時間は1時間もかからなかったであろうと推測する．そしてこの推測は決断の前に行った推測とは明らかに異なる．さもなくば私はそもそもフリーウェイを使っていたはずである．

この推測を do 表記を用いて表現すると，困ったことになる．

$$E(\text{運転時間}|do(\text{フリーウェイ}), \text{運転時間} = 1\text{時間})$$

と書くと，推定したい運転時間と実際に観測された運転時間がぶつかってしまうのだ．この衝突を避けるため，明らかに以下の2つの変数を区別して表現しなければならない．

1. 実際の運転時間
2. 実際に下の道での運転時間が1時間であったことが分かっているとき，フリーウェイではどのくらいかかったであろうかという仮定による運転時間

残念ながら，do オペレーターではこの区別をすることができない．do オペレーターは2つの確率 $P(\text{運転時間}|do(\text{フリーウェイ}))$ と $P(\text{運転時間}|do(\text{セプルベダ}))$ を区別することはできても，セプルベダでの時間を表す変数とフリーウェイを仮定したときの時間を表す変数とを区別することはできない．（セプルベダでの）実際にかかった運転時間を使ってフリーウェイでの仮想的な運転時間を評価するためにこの区別は必要である．

幸いなことに，これらを区別するのは簡単である．2つの結果に異なる添字を使えばよいのである．フリーウェイでの運転時間を $Y_{X=1}$ （あるいは文脈から明らかな場合は単に Y_1），セプルベダでの運転時間を $Y_{X=0}$ （または Y_0）と表記する．今回のケースでは，Y_0 は実際に観察された Y であり，ここで推定したいのは

$$E(Y_{X=1}|X=0, Y=Y_0=1) \tag{4.1}$$

である.読者はこの表現が少し分かりにくいと感じるかもしれない.ここには3つの変数が含まれている.1つは仮定的なもの,他の2つは観測されたものである.仮定的な変数 $Y_{X=1}$ は1つの事象 ($X=1$) に基づいており,さらに矛盾する(実際に観測された)事象 $X=0$ により条件付けされている.このような衝突はこれまで見たことがない.介入効果を推定するために do オペレーターを使用するとき,

$$E[Y|do(X=x)] \tag{4.2}$$

のように書く.この式にある Y は事象 $X=x$ に基づいている.新しく導入した表記法により,これを $E[Y_{X=x}]$ としたくなるかもしれない.しかしこの式ではすべての変数が同じ世界で計測されているので do オペレーターをやめて反事実の表記を使う必要がない.

式 4.1 のような反事実の表現において問題が起きることがある.なぜなら $Y_{X=1}=y$ と $X=0$ は,異なる条件(異なる世界と言う場合もある)において起きる事象であるし,そうでなければならないからである.このような問題は介入の表記では起きない.なぜなら式 4.1 は実際の(セプルベダを選んだ世界で)運転時間が1時間であった場合に,フリーウェイを選んだ世界における運転時間を推定しようとしているのに対して,式 4.2 はフリーウェイを選んだ世界において,別の世界のことを考えることなく,運転時間を推定しようとするものであるからである.

しかし式 4.1 は先に見た衝突のため,do 表現に帰着させることができない.つまり介入実験によって推定することはできない.さらに,2つの選択肢についてのランダム化比較試験では望みどおりの推定を得ることはできない.このような実験で $E[Y_1]=E[Y|do(フリーウェイ)]$ や $E[Y_0]=E[Y|do(セプルベダ)]$ を得ることはできるが,フリーウェイとセプルベダの両方を同時に選択することができないという事実がここで推定したい量,つまり条件付き期待値 $E[Y_1|X=0,Y=1]$ の推定を不可能にしているのである.フリーウェイでの時間を後で計測するとか,他のドライバーに運転してもらうなどしてこの問題を回避しようと考えるかもしれないが,そうすると時間により条件が変わるかもしれないし,他のドライバーの運転パターンは私の運転パターンと異なるかもしれない.どちらに

しても，このような代用条件で計測した運転時間は実際推定したい Y_1 の近似にすぎない．また私自身がフリーウェイを選んだときの条件と代用条件がどの程度似ているかにより近似の度合いは異なる．状況によってはこのような近似が求めたい量を推定するのに適当であるかもしれないが，定義に使うには不適切である．定義は推定したいものを正確にとらえているべきであり，この理由により添字を使う表記法に頼らなければならない．Y_1 はまさに歴史が枝分かれする時点において私がフリーウェイを選んでいたら，"そうだったであろう"という運転時間である．

　読者は，式 4.1 が衝突のために分かりにくいという問題はすぐに解消されると聞けばよろこぶであろう．反事実 Y_1 が仮定的であるという性質にもかかわらず，本書第 2 章で学んだ構造的因果モデルにより完全に記述されたどのようなモデルにおいても反事実の確率を計算できるだけでなく，モデルの基礎となる関数が明らかでないときや変数のうちいくつかが測定されていないときでもデータからこれらの確率を計算することができる．

　次節では，反事実の特性を計算する方法を詳細に解説する．その後，これらの方法を使って複雑な，あるいは手に負えないように見える問題などを解くことにする．具体的には，反事実を以下の事例に応用していく．まずは職業訓練プログラムの参加者について，もし彼ら彼女らが参加しなかったらいったい何人が仕事に就けたかを調べることにより，職業訓練プログラムの有効性を検証する．加算的な介入（さまざまなインスリンレベルの患者に 5 mg/l のインスリンを投与する．）の効果を均一介入を行った実験研究（すべての患者のインスリンレベルをある一定の値にする）の結果から推定する．がん患者が異なる処置を選んでいたら異なる結果になっていた可能性を確かめる．ある会社が就職希望者を不採用にしたとき，差別があったかどうかを十分な確信をもって証明する．職場での性別の不均衡を是正するために性別によらない採用方法をとっているが，直接効果と間接効果を分析することによってその効果を調べる．

　反事実を使うことにより，以上に挙げたすべてそして他の多くのことを実行することができる．しかしまず最初に反事実を定義し，どのように計算することができるか，そして実際にどのような使われ方をしているかを学ばなければならない．

4.2 反事実の定義と計算

4.2.1 反事実の構造的解釈

介入の節で見たように，構造的因果モデルはこれまでに一度も実行されたことのない行動や政策の効果を推定することができる．変数 X の値を x にセットすることは X の構造方程式を等式 $X = x$ で置き換えることである．本節では，少し異なる状況において同様の操作を行うことにより SEM を使って反事実を定義し，与えられたモデルから反事実を読み取り，そしてモデルの一部が未知であるときに反事実の確率はどのように推定されるかを示す．

まず完全に記述されたモデル M から始める．ここでは関数 $\{F\}$ と外生変数の値はすべて既知である．このような決定論的モデルでは外生変数のそれぞれの割り当て $U = u$ は母集団の一人のメンバー，1つの"ユニット"，または自然に起こる1つの"状況"に対応している．この対応の理由については次のように考えることができる．それぞれの割り当て $U = u$ は V にあるすべての変数の値を一意に決定する．具体的には，母集団の個別"ユニット"の特性は，その個体に固有の値を持っている．母集団が"人"である場合，これらの特性は年収，住所，学歴，音楽活動に参加する傾向などある時期におけるその個人のすべての特性を含む．母集団が"農地"である場合，これらの特性は土の成分，周りの気候，地域に住む野生動物などが挙げられる．これらの定義する特性の数は非常に多いため，すべてをモデルに含めることはできない．しかしこれら全体として個人ひとりひとりを一意に特定し，モデルに含まれる内生変数の値を決定する．この意味においてすべての割り当て $U = u$ は母集団のただ一つの"ユニット"または自然における1つの"状況"に対応すると言える．

たとえば，もし $U = u$ が Joe という名前の個人を定義するような特性で，X は"年収"という名前の変数であれば，$X(u)$ は Joe の年収を表す．もし $U = u$ がある農地の区画を表し Y があるシーズンの収穫量であるとすると，$Y(u)$ はそのシーズンの区画 $U = u$ における収穫を表す．

さてここで反事実の文 "$U = u$ の状況において，もし X の値が x であった

ならば, Y の値は y であろう."について考える. この文を $Y_x(u) = y$ と表記する. ここに, Y と X は V に含まれる任意の2つの変数である. このような文を解読する際の鍵は "X の値が x であったならば" というフレーズを, モデルに最小限の修正を施して前提条件 $X = x$ を成立させなさいという命令であると解釈することである. このような修正をすることでおそらく X の観測値 $X(u)$ と衝突が起きるであろう. このような最小限の修正は式において X をある定数 x で置き換えることになる. これは必ずしも人間の実験者によるものとは限らない外部操作 $do(X = x)$ と考えることもできる. このような置き換えを定数 x が X の実際の値 (つまり $X(u)$) と異なることを許しながらも, 連立方程式には矛盾が起きないように行う. このようにして外生, 内生すべての変数が他の変数の前提条件の役割を果たすようにしている.

この定義を変数が3個 X, Y, U のみで, 2つの方程式

$$X = aU \tag{4.3}$$
$$Y = bX + U \tag{4.4}$$

による簡単なモデルで示す. まず反事実 $Y_x(u)$, つまり状況が $U = u$ のとき, もし X の値が x であったならば Y の値はどのようになっていたかを計算する. 最初の方程式を $X = x$ に置き換えることにより "修正" モデル M_x を得る.

$$X = x$$
$$Y = bX + U$$

$U = u$ を代入して Y について解くと

$$Y_x(u) = bx + u$$

を得る. これは予想どおりである. なぜなら構造方程式 $Y = bX + U$ はまさに "自然が Y に割り当てる値は X に割り当てられた値を b 倍し, U を加えたもの" であるからだ. この例ほど単純でない結果を示すのに, 反事実 $X_y(u)$ つまり状況が $U = u$ であるとき, もし Y が y であったならば, X の値はどうなっているであろうかという問題について考える. ここでは2番めの等式を定数 $Y = y$ で置き換え, X について解くことにより $X_y(u) = au$ を得る. これは "もし Y

表 4.1 式 4.3 と 4.4 の線形モデルにより得られる $X(u), Y(u), Y_x(u), X_y(u)$ の値

u	$X(u)$	$Y(u)$	$Y_1(u)$	$Y_2(u)$	$Y_3(u)$	$X_1(u)$	$X_2(u)$	$X_3(u)$
1	1	2	2	3	4	1	1	1
2	2	4	3	4	5	2	2	2
3	3	6	4	5	6	3	3	3

の値が y であったなら"を仮定しても X は変化しないという意味である．もしこの仮定が，たとえ明示されていないとしても何らかの外部からの介入によるものであるならば，これは予想されることである．しかし介入のメタファーを使わず，$Y = y$ をただ自然な，予期していない変化だととらえた場合，この結果はそれほど当然とはいえない．この反事実の条件で X が不変であるということは，未来の事柄が過去を変えることはないという直観的知識と合致する．

ひとつひとつの SCM の内部には，変数がとりうる値に対応する反事実が多く存在する．このモデルによって生成される反事実をさらに示すため，U は 3 つの値 1, 2, 3 をとることができ，式 4.3 と式 4.4 において $a = b = 1$ とする．表 4.1 は x と y のレベルを変えたときの $X(u), Y(u), Y_x(u), X_y(u)$ を示す．たとえば，$u = 2$ のときの $Y_2(u)$ を計算するには，単に $X = aU$ を $X = 2$ で置き換えることにより $Y_2(u) = 2 + u = 4$ を得る．計算が非常に簡単であることの意味を考えてみると，反事実とは仮定の話であり，そして統計学的には神秘的ですらあるが，私たちの現実の理解からすれば非常に自然に現れるものであり，それが構造モデルにエンコードされているということであろう．

この例から読者は反事実は do オペレーターによってとらえられる通常の介入とまったく同じであるという印象を持つかもしれない．しかし，この例ではただある介入による Y の確率あるいは期待値を求めているのではなく，新しい条件 $X = x$ を仮定した場合の実際の Y の値を計算していることに気づかれたい．それぞれの状況 $U = u$ において，その状況における Y の仮定の値として $Y_x(u)$ を確定している．それに対して do オペレーターでは，確率分布においてのみ定義されており，因数分解（式 1.29）から $P(x_i|pa_i)$ を取り除いたあと，必ず $E[Y|do(x)]$ などのような確率的な答えにたどりつく．実験者の観点からは，この相違は母集団の分析と個体レベルの分析の重大なギャップを表している．do オペレーターは介入による母集団の振る舞いをとらえている一方，

$Y_x(u)$ はその介入によるある特定の個体 $U = u$ の振る舞いを表す．この相違は非常に大きく，反事実は do オペレーターがとらえることのできない信用，責任，後悔などの確率を定義することができるのはこのためである．

4.2.2 反事実の基本法則

ここで反事実の概念を任意の構造モデル M に拡張する．任意の 2 変数 X と Y を考える．X と Y の関係は必ずしも単一の等式のみで関連付けられているわけではない．M を修正して X の等式を $X = x$ で置き換えたものを M_x とする．反事実 $Y_x(u)$ の正式な定義は

$$Y_x(u) = Y_{M_x}(u) \tag{4.5}$$

これを言葉にすると，モデル M の反事実 $Y_x(u)$ は"外科手術を施した"サブモデル M_x で Y について解いた答えである．式 4.5 は因果推論におけるもっとも基本的な原理の一つである．これにより，現実を科学的にとらえた概念である M を使って"X の値が x であったなら，Y はどのようであるだろうか．"などの数多くの仮定的な問題に答えることができる．X と Y が変数の集合であっても同じ定義が当てはまる．その場合 M_x は X の要素すべての等式を定数で置き換えたものだと考えればよい．これにより，与えられたモデルによって非常に多くの反事実を計算することができるようになるが，ここで興味深い問題が生じる．たった数個の等式でできている単純なモデルが，どのようにしてそれほど多くの反事実について値を割り当てることができるのであろうか．答えは反事実が割り当てられる値はまったく任意というわけではなく，モデルと矛盾しないように，お互いにつじつまが合うようにしなければならないということにある．

たとえば，もし $X(u) = 1$ と $Y(u) = 0$ が観察されたならば，$Y_{X=1}(u)$ は 0 でなければならない．なぜなら，X をすでにそうなっている値 $X(u)$ に設定することは世界に何の変化ももたらさないからである．したがって，Y も現在の値 $Y(u) = 0$ のままである．

一般に，反事実は次の一致性に従う．

$$\text{もし } X = x \text{ ならば } Y_x = Y \tag{4.6}$$

X が 2 値変数の場合，一致性は以下のように都合のよい形をとる．

$$Y = XY_1 + (1 - X)Y_0$$

これを解釈すると，Y_1 は X の値が 1 であるときの Y の観測値である．対称的に，Y_0 は X の値が 0 であるときの Y の観測値である．式 4.5 を使えばこれらの制約をすべて満たしながら反事実を計算することができる．

4.2.3 母集団データから個体の振る舞いへ

ある個体の振る舞いについて説明するのに反事実がどう役立つかを示すのに図 4.1 のモデルを使う．図 4.1 のモデルは"補習による自主学習の動機づけ"を表している．X はある学生が放課後に補習を受けた時間，H は学生がこなした宿題の量，そして Y は学生の試験の点数である．各変数の値はその学生が平均から標準偏差いくつ分上かで与える（つまりモデルはすべての変数の平均が 0，標準偏差が 1 になるように標準化されている．）．たとえば，$Y = 1$ であればその学生は彼または彼女の試験の点数が平均よりも 1 標準偏差分高いことを示す．このモデルはパイロットプログラムで，学生は無作為抽選により補習への参加を割り当てられている．

SCM 4.2.1

$$X = U_X$$
$$H = a \cdot X + U_H$$
$$Y = b \cdot X + c \cdot H + U_Y$$
$$\sigma_{U_i U_j} = 0 \quad \forall i, j \in \{X, H, Y\}$$

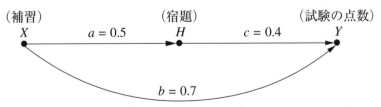

図 4.1　補習（X）が試験の点数に及ぼす効果を示すモデル．

U の因子はすべて独立しており,SCM 4.2.1 の係数の値は以下のように与えられているとする.(これらは母集団データより推定することができる)

$$a = 0.5, \quad b = 0.7, \quad c = 0.4$$

Joe という名前の学生について考える.彼についての変数は $X = 0.5, H = 1, Y = 1.5$ であった.ここで,Joe が勉強時間を 2 倍にしていたら彼の試験の点数はどうなっていたであろうか,という問いについて考える.

線形 SEM においては,各変数の値は係数と U の変数によって決定する.学生間のすべてのばらつきは U で表されている.結果として,$X = 0.5, H = 1, Y = 1.5$ という事実を利用することにより Joe について U の変数の値を判定することができる.これらの値は Joe が宿題をこなす量を 2 倍にするなどの仮定(または奇跡)から影響を受けることはない.

以上により,Joe についての特徴は

$$U_X = 0.5$$
$$U_H = 1 - 0.5 \cdot 0.5 = 0.75$$
$$U_Y = 1.5 - 0.7 \cdot 0.5 - 0.4 \cdot 1 = 0.75$$

となる.次に,H についての構造方程式を $H = 2$ と置換することにより Joe の勉強時間を仮想的に 2 倍にする.修正されたモデルを図 4.2 に示す.最後に,U の値を更新し,Y の値を計算する.

$$Y_{H=2}(U_X = 0.5, U_H = 0.75, U_Y = 0.75)$$
$$= 0.5 \cdot 0.7 + 2.0 \cdot 0.4 + 0.75$$

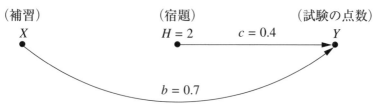

図 4.2 ある学生が宿題時間を $H = 2$ に増加させたという仮定の下,その学生の反事実的質問に答える.

$= 1.90$

結論としては，Joeが宿題をこなす量を2倍にしていたら，試験の点数は1.5ではなく，1.9になったであろうということである．変数を標準化しているので，これはJoeの点数は現在の1.5ではなく，1.9標準偏差ほど平均点より上になるであろうということである．

まとめると，最初に$X = 0.5, H = 1, Y = 1.5$という事実を使ってU変数の値を更新する．次に構造方程式$H = aX + U_H$を$H = 2$で置き換え，外部操作による$H = 2$の条件を仮想実現する．最後に構造方程式とUの値を使ってYの値を計算する．（以上を実行する上で，Hについての仮定の介入がUの変数に影響を与えないとしている．）

4.2.4 反事実を計算する3つのステップ

Joeと放課後補習プログラムの例は，反事実の基本定義を利用してある反事実の値を得る方法を示している．どのような決定論的反事実も以下の3つのステップにより計算することができる．

(i) 仮説形成：証拠$E = e$を利用してUの値を決定する．

(ii) 行動：モデルMにおいて，Xに含まれる変数についてその構造方程式を適当な関数$X = x$に変更し，修正モデルM_xを得る．

(iii) 予測：修正モデルM_xを使い，Uの値から反事実の結果Yを計算する．

時間についてのメタファーを使うと，ステップ(i)は過去(U)を現在の証拠eに照らして説明している．ステップ(ii)は過去を(最低限)曲げて仮定的前提条件$X = x$に合わせる．最後にステップ(iii)は過去および新たに成立した条件$X = x$に基づいて将来Yを推定する．

この手順により，どのような決定論的反事実でも，つまり単独の個体について必要な変数の値が既知であればどのような反事実でも解くことができる．構造方程式モデルによりこのような反事実の問題に答えることができるのは，各方程式が変数にその値を割り当てる仕組みを表しているからである．これらの仕組みが既知であれば，そのうちいくつかに変更があったとしても，その変更がどのようなものかにより，値がどうなるかを予測することができる．結果と

して，反事実を構造方程式の派生的性質と見るのは自然である（反事実は基本性質であるとするフレームワークも存在する（Holland 1986, Rubin 1974））．

しかし反事実は母集団のうちあるグループのみに関するという場合には確率的でもある．たとえば，放課後補習プログラムの例において，$Y < 2$ であるような学生全員が宿題に費やす時間を2倍にした場合どのようになったであろうかというような場合である．このような確率的な反事実は do オペレータによる介入とは異なる．なぜならば，確率的な反事実は，介入する個体と介入しない個体が存在する（これは決定論的反事実でも同様）からであり，これは do 表記法では実行することができない．

ここで決定論的モデルから確率的モデルに議論を移行し，反事実の確率や期待値についての問いに答えることにする．たとえば，Joe は図 4.1 のプログラムに参加し，$Y = y$ 点をとったとしよう．もし補習をあと 5 時間多く受けていたら点数が $Y = y'$ となった確率はどうであろうか．あるいは，このような仮定をした世界において，彼の点数の期待値はいくつであったろうか．図 4.1 のモデルの例と異なり，ここでは $\{X, Y, H\}$ 3 つすべてについての情報があるわけではない．したがって Joe についての値 u を一意に決定することはできない．その代わり，Joe は手元にある条件と一致するような複数の個体のグループに含まれるかもしれない．これらの個体はそれぞれ異なる u の値を持っている．

外生変数 U に確率 $P(U = u)$ を割り当てることにより因果モデルに確率が入ってくる．これらはどの個体について分析しているのかについての確からしさを，また個体が既知である場合はその個体が有する他のどのような特徴が問題に関係しているかについての確からしさを表す．

外生変数の確率 $P(U = u)$ は内生変数 V の確率分布 $P(v)$ を一意に決定し，それにより任意の単一反事実 $Y_x = y$ の確率も，観測された変数と反事実の変数のすべての組み合わせにおける同時分布も定義し計算することができる．たとえば，X, Y, Z, W をモデルに含まれる任意の変数としたとき $P(Y_x = y, Z_w = z, X = x')$ を計算することができる．このような同時分布は母集団のうち括弧内の事象，つまり $Y_x(u) = y, Z_w(u) = z, X(u) = x'$ が真であるような個体 u の割合を示している．その際特に w または x' は x と矛盾してもよい．

このような確率についてのよくある問題は"ある個体について特徴 $E = e$ を観

4.2 反事実の定義と計算

測したという条件の下で X の値が x であったならばその個体の Y の値はどのようになったであろうか"というようなものである．この期待値は $E[Y_{X=x}|E=e]$ と書くことができ，このとき $E=e$ と $X=x$ は矛盾していてもよい．$E=e$ という条件はその個体について持っているすべての情報（あるいは証拠）を表す．この情報は式 4.1 のように $X, Y,$ そして他のいかなる変数についての値も含む可能性がある．$X=x$ の添字は反事実の前提条件を表している．

具体的にどのようにしてこれらの確率や期待値を求めるかについては以降の節で扱う．ここでは，それらを使うことにより，3 ステップの手順が任意の確率的非線形システムに一般化することができるということを理解しておくのが大切である．

任意の反事実 $E[Y_{X=x}|E=e]$ についての 3 ステップは

(i) 仮説形成：証拠 $E=e$ を利用して $P(U)$ を更新し，$P(U|E=e)$ を得る．
(ii) 行動：モデル M において，X に含まれる変数についてその構造方程式を適当な関数 $X=x$ に変更し，修正モデル M_x を得る．
(iii) 予測：修正モデル M_x および U に含まれる変数についての更新された確率 $P(U|E=e)$ を使い，反事実の結果 Y を計算する．

4.4 節においては，上記の確率についての処理は事後に行う反事実の問い（"もし X の値が x であったら，Y の値はどのようになっていたであろうか"の形の問い）だけでなく，ある種の介入についての問いにも適用できることを示す．特に，すべての個体に，彼または彼女の現在の X の値に基づいた行動をとらせるときに使われる．よくある例は，"加法的介入"であろう．たとえば，それぞれの患者に，前回どれくらいの量を投薬したかにかかわらず，一律 5 mg/l のインスリンを投与するということである．最終的なインスリンのレベルは患者によって異なるため，do 表記法ではこの政策は記述することができない．

もう一つ別の例を挙げる．図 4.1 を利用して，学校が宿題をまじめにやらない学生（$H \leq H_0$）を放課後補習プログラムに参加させ，$X=1$ にしたとき，試験の点数への影響を推定したい．この場合単に H の値が小さい場合に X を 1 とするような単純な介入をすることはできない．なぜならこのモデルにおいて X は H の原因の一つだからである．

この場合，この量の期待値を反事実の記述法を用いて $E[Y_{X=1}|H \leq H_0]$ と

表す．これは，原則的には上記の3ステップ法で計算することができる．反事実の論理と上記の処理は，母集団の一部のみ（たとえば $H \leq H_0$）に対する行動や政策の効果を推定する際，その集団を定義する特徴自体が政策の影響を受けるような場合に必要となる．

4.3 確率論的反事実

4.3.1 反事実の確率

確率性が反事実の計算にどのように現れているかを吟味するのに，式4.3と式4.4のモデルにおいて U のそれぞれの値に確率を割り当てる．$U = \{1, 2, 3\}$ が母集団における個体の3つのタイプであるとし，それぞれの確率は

$$P(U=1) = \frac{1}{2}, \quad P(U=2) = \frac{1}{3}, \quad P(U=3) = \frac{1}{6}$$

であるとする．同一タイプの個体は，表4.1の該当する行に示されるように，等しい反事実の値を持つ．

これらの値を用いて，反事実がある特定の条件を満たすような確率を計算することができる．たとえば，X の値が2であったならば Y の値は3となったであろう確率，つまり $Y_2(u) = 3$ となる個体の割合を計算することができる．この条件は表の第1行のみで成り立ち，これは $U = 1$ の性質であるから，この確率は $\frac{1}{2}$ である，つまり $P(Y_2 = 3) = \frac{1}{2}$ である．同様に任意の反事実の確率を計算することができる．たとえば，$P(Y_1 = 4) = \frac{1}{6}$, $P(Y_1 = 3) = \frac{1}{3}$, $P(Y_2 > 3) = \frac{1}{2}$ などとなる．しかしここで驚くべきことは，反事実と観測された事象についてすべての組み合わせについての同時分布を計算することも可能だということである．たとえば，

$$P(Y_2 > 3, Y_1 < 4) = \frac{1}{3}$$

$$P(Y_1 < 4, Y - X > 1) = \frac{1}{3}$$

$$P(Y_1 < Y_2) = 1$$

第1の等式は，2つの異なる世界において起きる事象，$X = 2$ の世界において $Y_2 > 3$ となり，$X = 1$ の世界において $Y_1 < 4$ となる同時確率を示す．この確

4.3 確率論的反事実

率は $\frac{1}{3}$ である．なぜならこれら 2 つの事象が同時に起きるのは $U = 2$ のみにおいてであり，その確率は $\frac{1}{3}$ だからである．2 番めと 3 番めの式にも異なる世界における事象が現れている．驚くべきことに，(そして便利なことに) 世界間におけるこの衝突は確率を計算する上で何の妨げにもなっていない．実のところ，世界にまたがる確率は，単一の世界内での確率と同じくらい簡単に求めることができる．ただ該当する組み合わせとなるような行を見つけ，それらの行に割り当てられた確率を足し上げるのみである．これにより直ちに，反事実間の条件付き確率を計算したり，反事実間の条件付き独立性や従属性などを求めることができる．これはすでに第 1 章で観察可能な変数について行っている．たとえば，Y の値が 2 より大となるような個体については，X の値が 3 であれば Y が増加する確率は $\frac{2}{3}$ であることを容易に確かめることができる (なぜなら $P(Y_3 > Y | Y > 2) = \frac{1}{3} / \frac{1}{2} = \frac{2}{3}$)．同様に，差 $Y_{x+1} - Y_x$ は x に依存しない，つまり X から Y への因果効果は母集団でのタイプにかかわらず一定であることがわかる．これはすべての線形モデルが有する特徴である．

このような複数の世界にまたがる反事実についての同時確率は $P(Y_1 = y_1, Y_2 = y_2)$ のような添字を用いることによって簡単に表現することができる．さらに，同時確率は，どのような構造モデルからでも表 4.1 と同様に計算することができる．これらはしかし do 表記を使って表現することはできない．なぜなら，do 表記では 1 つの介入 $X = x$ につきただ一つの確率を得ることになるからである．この限界がもたらす影響を考えるため，式 4.3 と式 4.4 のモデルに少し修正を加えたものを考える．ここでは 3 番めの変数 Z が X と Y の間を媒介している．修正した新しいモデルの方程式は

$$X = U_1, \quad Z = aX + U_2, \quad Y = bZ \qquad (4.7)$$

となり，その構造を図 4.3 に示す．このモデルにさらに意味をもたせるため，$X = 1$ は大学教育を受けたこと，$U_2 = 1$ は職務経験があること，Z をある職務に必要なスキル，Y を年収とする．

ここでは $E[Y_{X=1} | Z = 1]$，つまりスキルレベルが $Z = 1$ であるような人たちについて，もし彼ら彼女らが大学教育を受けていた場合の年収の期待値を求めたい．この量は do 表記ではとらえることができない．なぜなら条件 $Z = 1$

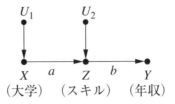

図 4.3 式 4.7 のモデル．大学教育（X），スキル（Z），年収（Y）の間の因果関係を示す．

と前提 $X = 1$ は 2 つの異なる世界だからである．前者は現在のスキル，後者は実現しなかった過去について教育を受けたことを仮定したものだからである．この仮想的な年収を $E[Y|do(X = 1), Z = 1]$ の表現でとらえようとしても，求めようとしている答えを得ることはできない．do 表記は大学を卒業し，その後 $Z = 1$ のスキルレベルを達成したような人たちの年収の期待値である．このような人たちの年収は，グラフにあるように，スキルにのみ依存し，彼ら彼女らが大学教育によってそのスキルを得たのかあるいは職務を通じてスキルを得たのかは関係ないのである．この場合 $Z = 1$ で条件付けをすると私たちが調べている介入の効果を遮断してしまう．対照的に，$Z = 1$ をすでに達成している人たちの中には，大学に行かなかった人もおり，もし大学に行っていればもっと高いスキル（と年収）を達成していたかもしれない．彼ら彼女らの年収にはたいへん興味がある．しかしこのような意味は do 表記に含まれていない．したがって，一般的には，do 表記法では反事実の質問をとらえることができない：

$$E[Y|do(X = 1), Z = 1] \neq E[Y_{X=1}|Z = 1] \quad (4.8)$$

この等号否定はさらに以下のように確認することができる．$E[Y|do(X = 1), Z = 1]$ は $E[Y|do(X = 0), Z = 1]$ と等しいが，$E[Y_{X=1}|Z = 1]$ は $E[Y_{X=0}|Z = 1]$ と等しくない．前者では 2 つの異なる介入後に 2 つの異なる個体の集合に対して $Z = 1$ という共通の条件付けを行っているのに対し，後者では $Z = 1$ は現在の世界における個体の集合 1 つを定義し，これが 2 つの前提条件の下では振る舞いが異なることを表している．do 表記は後者の状況をとらえることができない．なぜなら，$E[Y_{X=1}|Z = 1]$ にある $X = 1$ と $Z = 1$ は介入前と介入後の 2 つの異なる世界における事象だからである．一方

で $E[Y|do(X=1), Z=1]$ の表記は，介入後の事象のみで構成されており，だからこそ do 表記法で記述することができるのである．

ここで自然な疑問は，反事実の表記法は介入後の単一世界についての表現 $E[Y|do(X=1), Z=1]$ を扱うことができるのかどうかである．答えはイエスである．反事実はより柔軟なので，単一世界においても2つの世界においても確率をとらえることができる．$E[Y|do(X=1), Z=1]$ を反事実の表記に変換するには単に $E[Y_{X=1}|Z_{X=1}=1]$ とすればよい，これにより事象 $Z=1$ を介入後のものであると明示することになる．変数 $Z_{X=1}$ はもし X が1であったならば Z がとるであろう値である．Bayes の法則で do 表記とともに $Z=z$ とするのはまさにこれを意味している：

$$P(Y=y|do(X=1), Z=z) = \frac{P(Y=y, Z=z|do(X=1))}{P(Z=z|do(X=1))}$$

これは Z が X に依存することをどのように扱えばよいかを明らかにしている．Z が介入前の変数である特別な場合，3.5節での条件付き介入の議論の際の年齢がそうであったが，このとき $Z_{X=1} = Z$ であり，2つを区別する必要がない．そして式 4.8 の等号否定は等号になる．

この論理が数字にどう現れるかを見よう．表 4.2 は式 4.7 によるモデルについての反事実を示し，添字はすべて X の状態を表している．この表は表 4.1 を作成したのと同じ方法で作成した．つまり式 $X=u$ を適切な定数 (0 または 1) で置き換え，そして Y と Z について解いたのである．この表を使うことで，以下を即座に得る．

$$E[Y_1|Z=1] = (a+1)b \tag{4.9}$$

$$E[Y_0|Z=1] = b \tag{4.10}$$

表 4.2　式 4.7 のモデルにより得られる $X(u), Y(u), Z(u), Y_0(u), Y_1(u), Z_0(u), Z_1(u)$ の値

		$X = u_1,$		$Z = aX + u_2,$		$Y = bZ$		
u_1	u_2	$X(u)$	$Z(u)$	$Y(u)$	$Y_0(u)$	$Y_1(u)$	$Z_0(u)$	$Z_1(u)$
0	0	0	0	0	0	ab	0	a
0	1	0	1	b	b	$(a+1)b$	1	$a+1$
1	0	1	a	ab	0	ab	0	a
1	1	1	$a+1$	$(a+1)b$	b	$(a+1)b$	1	$a+1$

$$E[Y|do(X=1), Z=1] = b \qquad (\text{脚注 }^{*1)}\text{ 参照}) \qquad (4.11)$$

$$E[Y|do(X=0), Z=1] = b \qquad (4.12)$$

これらの式で式 4.8 の等号否定を確認できる．これらはまた以前も触れた反事実の条件付けの特殊な性質を表している．図 4.3 では Z は X を Y から分離しているが，$Z=1$ となるような個体については，X は Y に影響を及ぼす．

$$E[Y_1 - Y_0 | Z=1] = ab \neq 0$$

この振る舞いの理由は年収の例で分かりやすく説明できる．$Z=1$ のスキルレベルを達成した人たちの年収はスキルのみに依存し，X には依存しないが，現在のスキルが $Z=1$ であるような人たちの過去がもし現実とは異なるものであった場合には彼ら彼女らの年収は異なっていたはずである．実現しなかった過去に依存するようなこの種の後ろ向きの論理は図 4.3 のグラフに明示的に示されてはいない．このような議論の進め方をするにはグラフにおいて直接反事実の変数を表す方法を考え出す必要がある．このような表記法は 4.3.2 項で扱う．

これまでのところ，確率 $P(u_1)$ と $P(u_2)$ の相対的な大きさは計算に現れていない．なぜなら条件 $Z=1$ は（$a \neq 0$ かつ $a \neq 1$ を仮定すると）$u_1 = 0$, $u_2 = 1$ の場合においてのみ起きるからである．そしてこのような条件の下では，Y, Y_1, Y_0 は確定数である．しかしモデルにおいて $a = 1$ と仮定すると，$Z = 1$ となるのは $(u_1 = 0, u_2 = 1)$ と $(u_1 = 1, u_2 = 0)$ の 2 つの場合であるから，確率を考慮する必要がある．前者の確率は $P(u_1 = 0)P(u_2 = 1)$, 後者の確率は $P(u_1 = 1)P(u_2 = 0)$ である．この場合

$$E[Y_{X=1}|Z=1] = b\left(1 + \frac{P(u_1=0)P(u_2=1)}{P(u_1=0)P(u_2=1) + P(u_1=1)P(u_2=0)}\right) \qquad (4.13)$$

$$E[Y_{X=0}|Z=1] = b\left(\frac{P(u_1=0)P(u_2=1)}{P(u_1=0)P(u_2=1) + P(u_1=1)P(u_2=0)}\right) \qquad (4.14)$$

---

*1) 正確には，式 4.11 の $E[Y|do(X=1), Z=1]$ は未定義である．なぜならば，$do(X=1)$ の介入後に $Z=1$ を観測することは不可能だからである．しかし，この例の目的からすると，何らかの誤差項 $\epsilon_Z \to Z$ により $Z=1$ が観測されたと考えることができる．これにより式 4.11 を得る．

を得る．

式 4.13 が式 4.14 よりも大きいということは，年収はスキルのみによって決定し，教育によらないという事実にもかかわらず，教育が年収に与える因果効果はゼロではないということを再度表している．これは予測できたことである．なぜなら大学に行っていないがスキルレベルが $Z = 1$ であるような労働者はいないわけではないし，彼ら彼女らがもし大学教育を受けていたならばスキルは $Z_1 = 2$ へ，そして年収は $2b$ へと増加していただろうからである．

練習問題 4.3.1 図 4.3 のモデルにおいて U_1 と U_2 は共に正規分布に従う独立した確率変数であるとする．これらはともに平均 0，分散 1 を持つ．

(a) スキルレベルが $Z = z$ であるような労働者が，もし x 年の大学教育を受けていたならば年収の期待値はいくらになるか．ヒント：e を $Z = z$ として定理 4.3.2 を使う．また任意の 2 つの正規分布する確率変数，たとえば X と Z について $E[X|Z = z] = E[x] + R_{XZ}(z - E[Z])$ である．3.8.2 項と 3.8.3 項での議論を参考に，すべての回帰係数を構造方程式の係数を用いて表現せよ．そして $E[Y_x|Z = z] = abx + bz/(1 + a^2)$ を示せ．

(b) 前問 (a) の結果を利用し，特定のスキルレベルにおいて教育が年収に与える影響はスキルレベルに依存しないことを示せ．

4.3.2 反事実の因果グラフ

反事実は構造方程式モデルの産物であるから，これらのモデルについての因果グラフにおいても反事実を表すことができるのかどうかを知りたくなるのは自然なことである．答えはイエスで，反事実の原理，式 4.5 により理解することができる．この法則は，モデル M を修正してサブモデル M_x を得た場合，修正モデルにおける結果変数 Y はもとのモデルにおける反事実 Y_x であることを示している．モデルの修正は図 4.4 に示すように変数 X に向かっている矢線をすべて取り除くので，変数 Y に対応していたノードが Y_x を表すことになる．Y_x は修正モデルにおいてのみ有効である．

このように暫定的に反事実を視覚化するだけで，Y_x の持つ統計的特徴についての根本的な問いに答えることができる．また，Y_x の統計的特徴がモデルの他

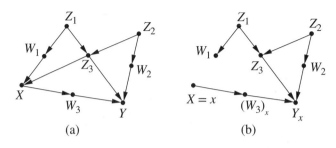

図 4.4 グラフによる反事実の読み方. (a) 元のモデル. (b) 修正したモデル M_x. Y_x は $X = x$ であった場合の Y の潜在反応.

の変数にどのように依存するか，特にそれらの変数について条件付けされている場合どのように依存するか，などの問いに答えることができる．

Y_x の統計的特徴について問うとき，何が Y_x を変化させるのかを調べる必要がある．構造的定義から，Y_x は X が定数 $X = x$ に固定されたという条件の下での Y の値である．したがって Y_x の統計的なばらつきは X が固定されたとき，つまり図 4.4(b) にあるように X に向かう矢線がすべて取り除かれたときに Y に影響を与えることができる外生変数すべてによって決定される．この条件の下，Y に変化を伝達できる変数の集合は（観測されているものも観測されないものも含む）Y の親，そして X と Y の間の道にあるノードの親である．たとえば図 4.4(b) では，親は $\{Z_3, W_2, U_Y, U_3\}$ である．ここで U_Y と U_3 は Y と W_3 それぞれの誤差項であるが，ここでは図に表していない．（これらの変数は両方のモデルで同じである．）これら親への道をブロックするような変数集合はどれも Y_x への道もブロックするので，Y_x とは条件付き独立となる．特に，共変量の集合 Z が M においてバックドア基準を満たすとき（定義 3.3.1），この集合は X とそれら親との間のすべての道をブロックすることになり，結果として X と Y_x はいかなる Z の層 $Z = z$ においても独立である．

これらの考察を定理 4.3.1 にまとめる．

定理 4.3.1（バックドアの反事実的解釈） 変数の集合 Z が (X, Y) についてのバックドア基準を満たすならば，Z が与えられた下で反事実 Y_x と X は，すべての x について，条件付き独立である．

4.3 確率論的反事実

$$P(Y_x|X, Z) = P(Y_x|Z) \tag{4.15}$$

定理 4.3.1 は観察研究において反事実の確率を推定する際に役立つ非常に有用な結果である．特に，$P(Y_x = y)$ は調整化公式 3.5 により識別可能であることを示唆する．これを証明するのに，（式 1.9 と同様）Z について条件付けし，

$$\begin{aligned}
P(Y_x = y) &= \sum_z P(Y_x = y|Z = z)P(z) \\
&= \sum_z P(Y_x = y|Z = z, X = x)P(z) \\
&= \sum_z P(Y = y|Z = z, X = x)P(z)
\end{aligned} \tag{4.16}$$

を得る．

2 行めは定理 4.3.1 により，3 行めは一致性（式 4.6）による．

式 4.16 においておなじみの調整化公式を得たのは驚くべきことではない．なぜなら 3.2 節（式 3.4）において $P(Y = y|do(x))$ について同じ式を導いており，そして $P(Y_x = y)$ は記述法が異なるだけで $P(Y = y|do(x))$ と同じものだからである．興味深いことに，これを導き出すのには代数的な処理のみを行っており，Z がバックドア基準を満たすことが分かれば，あとはモデルを参照することはない．式 4.15 は，グラフに表現された現実を数式の表現に変換し，式 4.16 を導くことを可能にしており，ときに条件付き無視可能性と呼ばれる．定理 4.3.1 はこの考えに科学的な解釈を与えており，与えられた任意のモデルにおいてこれが成立するかどうか検証することが可能である．

グラフを使用して反事実を表すことができれば，4.3.1 項でのジレンマ（図 4.3）を解決し，モデルによれば年収はスキルのみによって決定するという事実にもかかわらず，なぜ現在スキルレベルが $Z = z$ であるような人の年収（Y）に教育（X）が影響したはずであるかをグラフにより説明することができる．正式には，教育が年収（Y_x）に与える効果が教育レベルと独立しているかどうかを結論づけるには，グラフにおいて Y_x を見つけ，それが Z を与えられた下で X と d 分離されているかを調べる必要がある．図 4.3 によると，Y_x は，X から Y への因果パスにあるノードの唯一の親である U_2 により識別可能である（したがって X が固定されていれば Y_x に変化をもたらす唯一の変数である．）．

図 4.3 を見るとすぐに Z は X と U_2 の間の合流点であることが分かる. したがって, X と U_2 は（同様に X と Y_x も）Z が与えられた下で d 分離されていない. したがって

$$E[Y_x|X,Z] \neq E[Y_x|Z]$$

となる. これは

$$E[Y|X,Z] = E[Y|Z]$$

であるにもかかわらずである.

練習問題 4.3.1 において, 線形ガウシアンモデルを仮定し, これらの反事実の期待値を明示的に計算した. 本節で確立したグラフによる方法を用いることにより, 線形や, 他のどのような特定のパラメトリックな形も前提とせずに, グラフのみにより反事実の間の独立性を求めることができるようになった. これは近代の因果分析が統計学にもたらしたツールのひとつである. そして, 教育–スキル–年収の話のように直観だけで解くのは非常に難しい問題を, グラフを使ったシンプルな作業に帰着させることができる. 反事実の独立性を視覚化する他の方法については（Pearl 2000 pp. 213–215）を参照されたい.

4.3.3 実験における反事実

完全に記述された構造モデルを用いれば, どのような反事実の問題でも答えることが可能であるという確証を持つことができたので, 次に実験の場合に話を移す. ここではモデルは存在しておらず, 実験により観察された有限個の個体の標本をもとに反事実の問いについて答えなければならない. 図 4.1 の自己選択のモデルをもう一度検討する. これは 10 人の参加者について観察した実験であり, 参加者 1 番の Joe という個人の振る舞いを分析したものであった. 表 4.3 の左 3 列にあるように, 各参加者はそれぞれ個別のベクトル $U_i = (U_X, U_H, U_Y)$ の特徴を持つ.

この情報を利用し, モデルに従うデータセットを生成することができる. 図 4.1 のモデルにより, それぞれのベクトル (U_X, U_H, U_Y) について, 処置を行った場合 $(X = 1)$ の潜在反応 Y_1 と対照群の場合 $(X = 0)$ の潜在反応 Y_0 を含め表 4.3 において対応する行全体を埋めることができる. 図 4.1 の構造モデルは本

表 4.3 図 4.1 の構造モデルによる潜在反応と観測値. U_i はそれぞれ区間 [0, 1] の連続一様分布とする.

参加者	参加者の U 因子			観測値			モデルによる潜在反応				
	U_X	U_H	U_Y	X	Y	H	Y_0	Y_1	H_0	H_1	$Y_{00}\cdots$
1	0.5	0.75	0.75	0.5	1.50	1.0	1.05	1.95	0.75	1.25	0.75
2	0.3	0.1	0.4	0.3	0.71	0.25	0.44	1.34	0.1	0.6	0.4
3	0.5	0.9	0.2	0.5	1.01	1.15	0.56	1.46	0.9	1.4	0.2
4	0.6	0.5	0.3	0.6	1.04	0.8	0.50	1.40	0.5	1.0	0.3
5	0.5	0.8	0.9	0.5	1.67	1.05	1.22	2.12	0.8	1.3	0.9
6	0.7	0.9	0.3	0.7	1.29	1.25	0.66	1.56	0.9	1.4	0.3
7	0.2	0.3	0.8	0.2	1.10	0.4	0.92	1.82	0.3	0.8	0.8
8	0.4	0.6	0.2	0.4	0.80	0.8	0.44	1.34	0.6	1.1	0.2
9	0.6	0.4	0.3	0.6	1.00	0.7	0.46	1.34	0.4	0.9	0.3
10	0.3	0.8	0.3	0.3	0.89	0.95	0.62	1.52	0.8	1.3	0.3

質的に，人工的に作った個体の標本とそれぞれの個体が観察および実験の条件においてどのように振る舞うかを予測したものを含んでいる．X, Y, H の列は観察研究の結果を予測する．Y_0, Y_1, H_0, H_1 の列はそれぞれ $X = 0$ と $X = 1$ の条件における潜在反応を予測している．さらに他の多くの，実際無限個の潜在反応を予測することができる．図 4.2 の Joe についてたとえば $Y_{X=0.5, Z=2.0}$ を計算することもできるし，下付き添字の部分の変数がどのような組み合わせであっても計算することができる．この人工的な標本から，変数 X, Y, H についてのすべての反事実の問いについて確率を推定することができる．もちろん表のすべての項目が埋まっているならばである．推定を行うには，4.3.1 項で示したように，指定された問い合わせに合うような個人の割合を数えるだけのことである．

表 4.3 にある情報は観察研究においても実験研究においても手に入らないことは言うまでもない．この情報は図 4.2 にあるようなパラメトリックなモデルから導き出したものである．観測値 $\{X, H, Y\}$ が与えられた下で，パラメトリックモデルから各参加者の特徴を決める $\{U_X, U_H, U_Y\}$ を推論することができる．一般には，パラメトリックなモデルがない状態では，参加者個人の振る舞い $\{X, H, Y\}$ のみが観測されたとき，その参加者の潜在反応 Y_1 と Y_0 について分かることはほとんどない．理論的には，反事実 $\{Y_1, Y_0\}$ と観測値 $\{X, H, Y\}$ の関係で分かることといえば，式 4.6 にある一致性，つまり $X = 1$ であれば Y_1 は Y と等しく，$X = 0$ であれば Y_0 は Y と等しくなければならないというこ

とだけである．この弱い関係を別にすれば，参加者個人についての反事実は観測されないままである．

幸いなことに，母集団のレベルにおいてはこれらの反事実について，確率や期待値などたくさんのことを推定することができる．このことは式4.16の調整化公式により，完全なモデルによらずグラフのみを使うことで$E[Y_1 - Y_0]$を計算したことですでに確認している．実験研究においてはさらに多くのことを知ることができるが，この場合グラフが必要不可欠となる．

モデルがどのようなものかまったく情報がないとする．X が2つのレベル $X = 0$ または $X = 1$ でランダム化された実験研究において Y の測定値のみが手元にある．

表4.4はこのような実験の設定において10人の参加者（参加者1はJoeである）の反応を表す．ここで参加者1, 5, 6, 8, 10は $X = 0$，他の参加者は $X = 1$ が割り当てられた．左から2つめまでの列は真の潜在反応（表4.3より）を，右の2つの列は実験者が得た値である．黒四角は観測されなかったことを表す．Y_0 が観測されたのは $X = 0$ が割り当てられた被験者のみであり，同様に Y_1 が観測されたのは $X = 1$ が割り当てられた被験者のみであることは明らかである．ランダム化により，潜在反応のうち半分は観測されないものの，処置グループと対照グループの観測値の平均の差は母集団の平均の差 $E[Y_1 - Y_0] = 0.9$ に

表 4.4　ランダム化実験における潜在反応と観測値．$X = 0$ と $X = 1$ をランダムに割り当てた．

参加者	潜在反応		観測値	
	Y_0	Y_1	Y_0	Y_1
1	1.05	1.95	1.05	■
2	0.44	1.34	■	1.34
3	0.56	1.46	■	1.46
4	0.50	1.40	■	1.40
5	1.22	2.12	1.22	■
6	0.66	1.56	0.66	■
7	0.92	1.82	■	1.82
8	0.44	1.34	0.44	■
9	0.46	1.36	■	1.36
10	0.62	1.52	0.62	■
	真の平均処置効果：0.90		観測された平均処置効果：0.68	

収束する．これは，黒四角は表 4.4 の右の 2 つの列において，Y_0 や Y_1 の値に関係なくランダムに分布するので，標本の数が増加すると標本平均は母平均に収束するからである．

ランダム化実験におけるこのユニークで重要な特徴はここで初めて見たものではない．なぜならランダム化は，介入がそうであったように，X を Y に影響を与えるかもしれないどのような変数とも独立にするからである（図 4.4(b) 参照）．この状況は調整化公式 4.16 で $Z = \{\}$ とした場合にあたり，$E[Y_x] = E[Y|X = x]$ となる．ここに $x = 1$ は処置群の，$x = 0$ は対照群の個体である．表 4.4 により実験において標本平均を計算することで実際何を得ているのか，またそれらの平均が反事実 Y_1 と Y_0 とどのような関係であるかを理解することができる．

4.3.4 線形モデルにおける反事実

ノンパラメトリックなモデルにおいては，もし実験をすることができるという恵まれた状況にあったとしても，$E[Y_{X=x}|Z = z]$ の形をした反事実の量は識別可能ではないかもしれない．しかし完全に線形のモデルにおいては，事態はかなり簡単である．いかなる反事実の量でもモデルのパラメターが分かっていればいつでも識別可能である．これはパラメターがモデルの関数を完全に定義し，以前見たように，関数が与えられさえすれば反事実は式 4.5 により計算することができるからである．直接効果の介入による定義を使い介入分析を行うことによりモデルのすべてのパラメターは識別可能であるから，線形モデルの反事実は実験において識別可能であると結論する．観察研究でモデルのパラメターがいくつか未知の場合において反事実が識別可能か否かについての疑問は残る．実は $E[Y|do(X = x)]$ が識別可能であれば，$E[Y_{X=x}|Z = e]$（e は任意の証拠の集合）の形をした反事実はどれも識別可能であることが分かっている（Pearl 2000, p.389）．この関係を定理 4.3.2 にまとめる．これにより反事実を素早く計算することができる．

定理 4.3.2 X から Y の総合効果の傾きを τ とする．

$$\tau = E[Y|do(x+1)] - E[Y|do(x)]$$

このときどの証拠 $Z = e$ についても

$$E[Y_{X=x}|Z=e] = E[Y|Z=e] + \tau(x - E[X|Z=e]) \tag{4.17}$$

が成り立つ.

これにより線形モデルにおける反事実を直感的に解釈することができる. $E[Y_{X=x}|Z=e]$ はまず証拠 e の条件付きで Y のベストな推定値を計算して $E[Y|e]$ を得る. その後 X を現在のベストな推定値 $E[X|Z=e]$ から仮想値 x に変化させたときの Y の変化量の期待値を加えるのである.

方法論的には, 定理 4.3.2 の意義はこれにより研究者が母集団データから個体についての (あるいは個体の集合についての) 仮定的な問いに答えることができるという点である. この特徴により考えられる法律的および社会的文脈での影響については以下の節で論じる. 図 4.2 の状況においては, 証拠 $e = \{X = 0.5, H = 1, Y = 1\}$ の条件で反事実 $Y_{H=2}$ を計算した. ここでは定理 4.3.2 をこのモデルに使い, 処置群での処置効果 (ETT: effect of treatment on the treated)

$$ETT = E[Y_1 - Y_0|X=1] \tag{4.18}$$

を計算する方法を論じる. 式 4.17 に証拠 $e = \{X = 1\}$ を代入し,

$$\begin{aligned}
ETT &= E[Y_1|X=1] - E[Y_0|X=1] \\
&= E[Y|X=1] - E[Y|X=1] \\
&\quad + \tau(1 - E[X|X=1]) - \tau(0 - E[X|X=1]) \\
&= \tau \\
&= b + ac = 0.9
\end{aligned}$$

を得る. 言い換えると, 処置群における処置効果は母集団全体での処置効果と等しい. これは線形システム一般にあてはまる結果である. 証拠 e に関わりなく式 4.17 から $E[Y_{x+1} - Y_x|e] = \tau$ であることが分かる. 反応の式に乗法的な (つまり非線形の) 交互作用項が加わると状況は異なる. たとえば, 図 4.1 において矢線 $X \to H$ が逆向きになり, Y の式が

$$Y = bX + cH + \delta XH + U_Y \tag{4.19}$$

であれば, τ は ETT とは異なる. 読者には練習として $\tau - ETT$ が $\frac{\delta a}{1+a^2}$ に等

しいことを証明していただく（練習問題 4.3.2(c)）．

練習問題 4.3.2
(a) 図 4.1 のパラメター a, b, c が非実験データからどのように推定することができるかを述べよ．
(b) 図 4.3 のモデルにおいて，教育が，年収が $Y = 1$ であるような学生に与える効果を求めよ．[ヒント：定理 4.3.2 を使い $E[Y_1 - Y_0|Y = 1]$ を計算するとよい．]
(c) 式 4.19 で記述されるモデルにおいて τ と $ETT = E[Y_1 - Y_0|X = 1]$ を推定せよ．[ヒント：反事実の基本定義である式 4.5，および等式 $E[Z|X = x'] = R_{ZXx'}$ を使うとよい．]

4.4 反事実の実践的応用

反事実を計算する方法を理解したので，次に興味深く，またためになるのは反事実が実際にどのように使われているかを見ることであろう．本節では，最初はどうすればよいか分からないような問題が，これまで議論したテクニックを使うことにより解けるようになる例を挙げる．読者は本章を読み終わるころには反事実がどのように使われるのかということをよりよく理解し，また，反事実を用いることの真価を認めることであろう．

4.4.1 参加者募集

例 4.4.1 政府は失業者を職場に復帰させることを目的とした職業訓練プログラムを助成している．予備試験的に行ったランダム化試験ではこのプログラムは効果的なようだ．プログラムを修了した人たちの方がプログラムに参加しなかった人たちよりも高い割合で仕事に就いている．結果として，このプログラムは承認され，失業中の人たちに参加するよう正式に募集を開始した．職業訓練プログラムは希望する失業者であれば誰でも参加可能である．

参加者募集は成功し，プログラム修了生の就職率は試験的に行ったランダム化試験のときよりもさらに高くなった．プログラム担当者は結果に満足し，さらに助成金を増やしてもらうよう要請することにした．

奇妙なことに，反対派の人たちはこのプログラムは税金の無駄遣いであり，即刻止めるべきだと主張している．理由はこうである：このプログラムについては，ランダムに参加者を選んだ試験運用中にはいくらかの成功を認めるが，自分の意思で参加することを選んだ人たちについて，プログラムがその目的を果たしているかどうかの証明はされていない．反対派はさらに，自分から望んでプログラムに参加する人たちは参加しなかった人たちと比較して，知性も教養もあり，より社会的なつながりを持っているため，訓練プログラムに参加するしないにかかわらず仕事が見つかりやすかったというのである．反対派は，ここではプログラムが参加者にもたらした利益を差分として，つまり参加者について，もし参加しなかったどうであったかと比べて就職率はどのくらい増加したかを推定しなければならないとしている．

下付き添字を使って反事実を表し，$X=1$ が訓練プログラム参加，$Y=1$ が仕事が見つかったという事象とすると，ここで評価すべき量は訓練を受けた人について訓練効果がどれほどであったか（ETT: effect of training on the trained. 式 4.18 の ETT: effect of treatment on the treated としてすでにおなじみである）である．

$$ETT = E[Y_1 - Y_0 | X = 1] \qquad (4.20)$$

ここで差 $Y_1 - Y_0$ はランダムに選んだ個体について訓練 (X) が就職率 (Y) に及ぼす因果効果である．条件 $X=1$ により自分から訓練プログラムに参加した人に限定している．

4.1 節にあったフリーウェイの話と同様，反事実 Y_0（訓練を受けなかったら就職はどうなっていたか）の前提条件 ($X=0$) と条件付けをする事象 $X=1$ が衝突している．しかしフリーウェイの例では"フリーウェイを使っていればよかった"という個人的な後悔以外には実質的な意味はないが，職業訓練プログラムの例においては，プログラムを中止する，あるいは募集方法を変更して提供する訓練プログラムがより効果的となる人たちを集めるようにするなど大きな経済的影響が考えられる．

ETT の式は観察データからもあるいは実験データからも推定できそうにない．この理由は，またもや Y_0 の添字と条件付けの事象 $X=1$ とが衝突してい

ることにある．$E[Y_0|X=1]$ はまさに訓練を受けた人（$X=1$）が，もし訓練を受けなかったら就職していたかどうかについての期待値である．この反事実の期待値を実証的に測定することは不可能に見える．なぜなら訓練を受けた人を過去にもどして訓練プログラムに参加しないようにすることはできないからである．しかし，本章の後半の節において分かるように，世界が衝突しているような状況でも，期待値 $E[Y_0|X=1]$ はすべての場合とはいかないが多くの場合において計算可能な表現に帰着させることができる．このような例の一つとしては共変量の集合 Z が処置と反応変数についてのバックドア基準を満たす場合である．この場合，ETT の確率は調整化公式を修正した

$$P(Y_x|X=x') = \sum_z P(Y=y|X=x, Z=z)P(Z=z|X=x') \quad (4.21)$$

で与えられる．これは定理 4.3.1 から直接導くことができる．$Z=z$ で条件つけすることにより

$$P(Y_x=y|x') = \sum_z P(Y_x=y|z, x')P(z|x')$$

であるが，定理 4.3.1 により x' を x と置換することができる．さらに式 4.6 により添字 x を Y_x から取り除くことができる．したがって式 4.21 を得る．

式 4.21 と標準の調整化公式 3.5

$$P(Y=y|do(X=x)) = \sum P(Y=y|X=x, Z=z)P(Z=z)$$

を比較すると，両方とも $Z=z$ で条件付けをし，そして z について平均している．ただ式 4.21 は $P(Z=z)$ を $P(Z=z|X=x')$ で置き換え，異なる重みにより平均している．

式 4.21 を使い，ETT の式を反事実を使わないで表記することは容易である．

$$ETT = E[Y_1 - Y_0|X=1]$$
$$= E[Y_1|X=1] - E[Y_0|X=1]$$
$$= E[Y|X=1] - \sum_z E[Y|X=0, Z=z]P(Z=z|X=1)$$

ここに，最終行の第 1 項は式 4.6 の一致性により得られる．言い換えると，$E[Y_1|X=1] = E[Y|X=1]$ となるのは，$X=1$ という条件の下ではもし X が 1 であったときに Y がとるであろう値は Y の観測値に他ならないからである．

ETT を計算することができる状況のもう一つの例としては 2 値変数 X で実験データと非実験データがそれぞれ $P(Y=y|do(X=x))$ と $P(X=x, Y=y)$ の形で手に入るときがある．さらにもう一つ，X と Y の間に媒介変数があり，これがフロントドア基準を満たすときも ETT が識別可能である（図 3.10(b) を参照）．これらの状況に共通しているのは，因果グラフを精査することにより ETT を計算することが可能か否か，そしてもし可能であればどのようにすればよいかが分かることである．

練習問題 4.4.1

(a) X が 2 値変数であるとき，処置群での処置効果は観察データからも実験データからも推定できることを証明せよ．ヒント：$E[Y_x]$ を

$$E[Y_x] = E[Y_x|x']P(x') + E[Y_x|x]P(x)$$

と分割するとよい．

(b) 前問 (a) の結果を Simpson の非実験データに応用し（表 1.1），自分から新薬を望んだ人たちについて処置群での処置効果を推定せよ．[ヒント：性別が唯一の交絡因子であると仮定して $E[Y_x]$ を推定するとよい．]

(c) ここでは定理 4.3.1 と図 3.3 の Z はバックドア基準を満たしている事実を使い，前問 (b) を繰り返せ．(b) と (c) で同じ答えとなることを示せ．

4.4.2 加法的介入

例 4.4.2 多くの実験において，外部操作は，もともと存在する X の原因を無効にしないで，$do(x)$ オペレーターが要求するとおりに X にいくらか加える（あるいは除く）ことになる．たとえば，体内のインスリンレベルが異なる患者にそれぞれ 5 mg/l のインスリンを投与するということがある．ここでは，介入する変数について以前から存在していた部分は引き続き影響を与える．それに新たにある量を加えることにより，個体間の差は引き続き存在することになる．このような介入の効果は，観察研究により，あるいは全員について X を決められた値 x に固定するような実験研究によ

り推定することができるであろうか．

反事実の変数を使って問題を書き出すと，答えは明らかである．現在のレベルが $X = x'$ であるような処置変数にある量 p を加えるとする．これによる結果は $Y_{x'+q}$ となり，これを現在 $X = x'$ であるような個体すべてについて平均すると $E[Y_x|x']$ となる．ここで $x = x' + q$ である．これはまた ETT の表現 $E[Y_x|x']$ であるから，前の例における結果を適用すればよい．特に，モデルにある集合 Z がバックドア基準を満たすときはいつでも加法的介入の効果は式 4.21 の ETT 調整化公式を使い計算することができる．式 4.21 で $x = x' + q$ を代入し，期待値をとることにより介入効果を得る．この介入を $add(q)$ と呼ぶ．

$$E[Y|add(q)] - E[Y]$$
$$= \sum_{x'} E[Y_{x'+q}|X=x']P(X=x') - E[Y]$$
$$= \sum_{x'}\sum_{z} E[Y|X=x'+q, Z=z]P(Z=z|X=x')P(X=x') - E[Y]$$
(4.22)

この例では，Z は年齢，体重，遺伝子配列などを含むかもしれない．ここで必要なのは，これらの変数がすべて測定されていることと，バックドア基準を満たすということのみである．

同様に，ETT が識別可能であるような他のすべての場合において推定可能性が保証される．

この例は，反事実を使うことにより実際の介入の効果をどのように推定することができるかを示している．この効果はいつも do 表記で記述できるとは限らないが，それでも一定の状況においては推定することができる．ここで自然な疑問は，なぜ母集団レベルで通常の臨床試験により推定できるようなわりとよくある介入の効果を推定するのに反事実に頼る必要があるのだろうということだ．被験者をランダムに2つのグループに分け，一方に $add(q)$ のタイプの介入を行ってこのグループにおける Y の期待値を $add(0)$ のグループと比べればよいだけではないのか．単なるランダム化実験で答えが見つかるというのに，反事実や ETT による高度な処理が必要であるとは，加法的介入のどこが特別なのであろうか．

反事実に頼らなければならない理由は，科学者は実験における発見を報告するのに do 表記を用いるものであるが，ここで $E[Y|add(q)]$ は do 表記で記述することができないからである．これは求める量 $E[Y|add(q)]$ が特別に計画された実験から得ることができないということではない．そのような特別な実験なくしては，求めるべき量は科学的知識から，あるいは母集団で一律 $X=x$ とするような標準的な実験からでは推定することができないということである．政策をこのような理想的で標準的な実験により決定しようとする理由はこれらが科学的知識をとらえているからである．科学者は血中のインスリン濃度をあるレベル $X=x$ から別のレベル $X=x+q$ まで増加させたときの効果を数値化したいと考えている．そしてこの増加は do 表記 $E[Y|do(X=x+q)]-E[Y|do(X=x)]$ で表される．これは"科学的"と呼ぶことができよう．なぜならば，生物学的に意味がある，つまり複数の母集団において同一の結果となるからである（実際ラボの血液検査は患者のインスリン濃度 $X=x$ の時間的変化を記録し，報告する.）

対して，加法的介入においては，この同一性という特徴がない．特にこの母集団においてそれぞれの個人の現在の x のレベルにかかわらず全員について q ほど増加させたときの平均的効果を求めているのである．したがってこれはすぐには一般化することができない．なぜなら，結果は研究対象となっている母集団における確率 $P(X=x)$ によってかなり異なるからである．これは科学により知ることができることと，政策決定者が知りたいこととのミスマッチを生む．このため，1つの言語から他の言語へ翻訳するのに個体レベルの分析（反事実）を持ち出すことが必要となるのである．

読者はまた $E[Y|add(q)]$ がなぜ平均因果効果

$$\sum_x [E[Y|do(X=x+q)] - E[Y|do(X=x)]] P(X=x)$$

と等しくないのかと思うかもしれない．結局のところ，$X=x$ であるような個体に q を加えるということは Y の期待値を $E[Y|do(X=x+q)]-E[Y|do(X=x)]$ ほど増加させ，これを X について平均すれば介入の答え $E[Y|add(q)]$ が得られるのではないか．残念ながら，この平均は介入の答えとはならない．この平均値は，母集団から被験者をランダムに選び，そのうち $P(X=x)$ の割合の

個体については q ほど増加させて他の個体については何もしなかったという実験を表している．しかし今検討している介入の状況はこれと異なる．なぜなら $P(X=x)$ は被験者のうち自由意思により $X=x$ を選択した人の割合だからである．そして，$X=x$ となることを選択するような被験者と，実験でたまたま $X=x$ を"割り当てられる"被験者は，$add(q)$ に対する反応が異なる可能性を除外することはできない．たとえば，$add(q)$ によく反応するような被験者は，選択の余地があれば X のレベルを下げようとするであろう．

反事実分析の表記を使用すれば

$$E[Y|add(q)] - E[Y] = \sum_x E[Y_{x+q}|x]P(X=x) \neq \sum_x E[Y_{x+q}]P(X=x)$$

である．等号は Y_x と X が独立の場合，つまり非交絡の場合のみ成り立つ（定理 4.3.1 を参照）．この条件が成り立たない場合，$E[Y|add(q)]$ の推定は特定 q の介入か，または式 4.21 のように ETT を do 表記で書き換えられるような強い仮定をすることになる．

練習問題 4.4.2　Joe はタバコを吸ったことがない．しかし同調圧力やその他個人的な理由により彼はタバコを吸い始めることにした．一箱購入して帰宅した彼は "これからタバコを吸い始めるのだが，いいのだろうか．" と問う．

(a) Joe の問題を数学的に ETT を使い記述せよ．肺がんになるかどうかについて興味があることとする．

(b) どのようなデータがあれば Joe がタバコを吸うことにした場合と吸わなかった場合において肺がんになる確率を推定することができるか．

(c) 表 3.1 のデータを使い，前問 (b) の意思決定に関連する確率を推定せよ．

4.4.3　個人の意思決定

例 4.4.3　Jones さんはがん患者で，2 つの治療方法について難しい決断にせまられている：(i) 乳腺腫瘍摘出術のみの治療，(ii) 乳腺腫瘍摘出術と放射線治療の併用による治療．専門医と相談した結果，彼女は (ii) を選択した．10 年後，Jones さんは健在で，腫瘍は再発していない．ここで彼女は考える：放射線治療のおかげで生きていられるのかしら．

これに対して Smith さんは，乳腺腫瘍摘出術のみを行い，彼女の腫瘍は 1 年後に再

発した．彼女は後悔している：放射線治療をした方がよかった．

以上のような憶測は統計的データから実証することができるであろうか．さらに，Jones さんの喜びや Smith さんの後悔を確認したところで何か意味があるのだろうか．

放射線治療の全体的な効果はもちろんランダム化試験により測定することができる．2002 年 10 月 17 日付の *New England Journal of Medicine* にはまさに Fisher et al. による乳腺腫瘍摘出術のみの治療と，乳腺腫瘍摘出術と放射線治療の併用による治療を比較する 20 年間にわたるランダム化試験の結果が掲載されている．放射線治療を併用することにより乳がんの再発確率をおおいに減少（14%と 39%）させることができると示された．

これらはしかし，母集団での結果である．Jones さんや Smith さんの個別のケースにおいても全体の結果から類推することができるのであろうか．そしてもしできるとしたところで，Jones さんが決断に満足し，Smith さんの後悔をさらに深めるということ以外に，なにかよいことがあるのだろうか．

最初の問いに答えるには，Jones さんと Smith さんの状況を，反事実を使い，数式の形で表さなければならない．再発を抑えられる事象を $Y=1$，放射線治療を行う決断を $X=1$ で表すことにすると，Jones さんのがんが再発していないのは放射線治療 $X=1$ のおかげだといえるかどうかは必要性の確率

$$PN = P(Y_0 = 0 | X = 1, Y = 1) \tag{4.23}$$

による．この式を解釈すると，Jones さんは実際放射線治療を受け（$X=1$），再発しなかった（$Y=1$）という条件の下で，彼女がもし放射線治療を受けなかったとしたら，再発していた（$Y_0=0$）確率はどのようになっていたであろうか，となる．PN は probability of necessity の略で，Jones さんの決断が望ましい結果を得るのに必要であった度合いを測るものである．

同様に，Smith さんの後悔が正しいものであるという確率は十分性の確率

$$PS = P(Y_1 = 1 | X = 0, Y = 0) \tag{4.24}$$

で与えられる．これを解釈すると，Smith さんは実際放射線治療を受けず（$X=0$），そして再発した（$Y=0$）という条件の下で，もし彼女が放射線治療を受けていたなら再発しなかった（$Y_1=1$）であろう確率，となる．PS

は probability of sufficiency の略で，Smith さんが実際に選択しなかった方の選択肢 $X = 1$ を選んでいたら，それで回復していたであろう度合いを測っている．

これらの式は（1 と 0 が逆になっている以外は）ほぼ同じ形をしていることが分かる．さらに，これらの式は式 4.1 と似ている．ただフリーウェイの例では Y が連続型変数であり，求めたいのは期待値であった．

これらの 2 つの確率（因果の確率（probabilities of causation）と呼ばれることもある）は法的な責任から個人的な意思決定まですべての原因分析の問題において大きな役割を果たす．これらは，一般には観察データからも実験データからも推定可能ではないが，以下に見るようにある条件の下では，つまり観察データと実験データがともにあるとき，推定可能となる．

しかし定量的な分析を始める前に，2 番めの問いについて考えよう．反事実のパラメターを事後に評価したところで何になるのだろうか．答えの一つは，後悔や成功，あるいは正しいか誤りかなどの概念は，感情的な価値だけではないということである．それらは認知的発達や適応的学習において重要な役割を果たす．Jones さんががんを克服したことを確証できれば，それは彼女が自分の意思決定法，つまり医学についての情報源，リスクに対する考え方，優先順位，そしてこれらすべてを考慮してまとめる方法などについて自信を持つことにつながる．同様なことが後悔にも言える．自分の決断の方法のどこが弱点だったのかが分かり，改善するにはどうすればよいかについて考えさせてくれる．自分自身の意思決定のプロセスを改善し，能力を向上させてくれるのは反事実による確認なのである．Kathryn Schults は彼女のすばらしい本 *Being Wrong* において，"失敗というものがどんなに考えを混乱させ，困難で，あるいは小さなものであっても，最終的には私たちに自分自身について教えてくれるのは，正しかったことではなく誤っていたことである．"と言っている．

重要な意思決定において，正しいか誤りかの確率を推定することは非常に重要である．3 番めの女性 Daily さんについて考える．彼女は Jones さんと同じ決断をせまられてこう考える：もし私の腫瘍が乳腺腫瘍摘出術のみで再発しないというのであれば，なぜつらい放射線治療を受けなければならないのか．同様に，もし私の腫瘍が放射線治療を受けるか否かにかかわらず再発するような

種類であるならば，そのような治療は受けたくない．私がこの治療を受ける唯一の理由は，この腫瘍が治療を受ければ治り，受けなければ再発するような種類である場合だけだ．

Daily さんのジレンマは正式には腫瘍を取り除くのに放射線治療が必要かつ十分であるような確率

$$PNS = P(Y_1 = 1, Y_0 = 0) \qquad (4.25)$$

を求めることである．ここに，Y_1 と Y_0 は治療してがんが再発するか否か（Y_1）と治療しないでがんが再発するか否か（Y_0）をそれぞれ表す．この確率を知ることは Daily さんが $Y_1 = 1$ かつ $Y_0 = 0$ であるようなグループに属するかどうかを評価するのに役に立つ．

もちろんこの確率は実験研究から評価することはできない．なぜなら，実験データからではもし患者が異なる処置を受けたとした場合に異なる結果となったかどうかを知ることはできないからである．しかし，Daily さんの問いを数学的に表すことにより，PNS を推定するのにどのような前提が必要であるか，またどのような種類のデータから推定することが可能になるかを代数的に調べることができる．後で（4.5.1 項，式 4.42）まさに，単調性，つまり放射線治療が再発しないはずだった腫瘍を再発させることはないと仮定すると，PNS を推定することができると分かる．さらに，単調性の下で，実験データのみを用いて

$$PNS = P(Y = 1|do(X = 1)) - P(Y = 1|do(X = 0)) \qquad (4.26)$$

と結論することができる．たとえば，Fisher et al.（2002）の実験データによると，この式により Daily さんの PNS は

$$PNS = 0.86 - 0.61 = 0.25$$

であることが分かる．これにより，彼女の腫瘍のタイプが処置に反応するようなものである，つまり乳腺腫瘍摘出術と放射線治療をともに行った場合は治癒，乳腺腫瘍摘出術のみを行った場合は再発するタイプである確率は 25% である．このように個人のリスクを数値化することはその人の意思決定にとってきわめて重要である．また，母集団のデータからこのようなリスクを推定することは，反事実分析と適切な仮定をすることによってのみ可能となる．

4.4.4 採用における差別

例 4.4.4　Mary は採用時に差別されたとして，ニューヨークの XYZ インターナショナルという会社を訴える．彼女によると，XYZ インターナショナルの求人に応募し，彼女はその仕事に必要な資格すべてを持ち合わせていたにもかかわらず，不採用となった．おそらく面接時に彼女は同性愛者だと言ったからではないかというのである．さらに，XYZ インターナショナルの採用傾向は，明らかに異性愛の従業員を優先している．彼女は訴訟に勝てるであろうか．採用実績により，XYZ インターナショナルが彼女を不採用とした際に実際差別があったことを証明できるか．

　本書の執筆時において，アメリカ連邦法は，採用において，性的指向を理由とした差別を特に禁止していない．しかしニューヨークの州法は禁止している．またニューヨーク州は差別を連邦法とほぼ同様に定義している．連邦裁判所は何をもって雇用における差別とするかについてを明確にした通達文を出しており，立法者によると，"雇用の差別においてはどのケースでも従業員が異なる人種（または年齢，性別，宗教，出身国など）であったならば，そしてほかのすべてが同じであったとしたら，雇用主が同じアクションをとっていたかどうか"が問題の中心となる．(Carson vs Bethlehem Steel Corp., 70 FEP Cases 921, 7th cir. 1996)

　この通達で最初に気づくのは，これは母集団についての基準ではなく，原告の個別のケースに訴えるものである．2 点めとして，反事実の用語，"とっていたかどうか，""であったならば，""同じであったとしたら"などを用いて構成されている．これは何を意味するのか．Mary が異性愛者であったとしたら雇用主がどのように振る舞っていたかを証明することができようか．確かにこれは実験において介入することができるような変数ではない．観察データから雇用主が差別していることを証明することができるだろうか．

　Mary のケースは，表面的には例 4.4.3 と異なるものの，Smith さんのがんの治療が不成功であった問題と多くの共通点がある．Mary の不採用の理由が性的指向であった確率は，Smith さんのがん治療と同様，十分性の確率：

$$PS = P(Y_1 = 1 | X = 0, Y = 0)$$

で表すことができる．この場合，Y は Mary の採用結果，X は面接官が Mary の

性的指向をどうであると思っていたかを表す．上式は"実際には面接官は Mary を同性愛者であると思い，そして彼女は不採用であったという条件で，もし面接官が彼女を異性愛者であると思っていたとしたら，Mary が採用されていた確率"のように読むことができる．（ここで問題となっている変数は面接官が Mary の性的指向がどうであると思っているかであり，彼女の性的指向そのものではない．この場合面接官の認識に介入することはまったく簡単である．ただ Mary が自分は同性愛者であると言わなかったと想像すればよいのである．Mary の性的指向を実際に変更することを仮定するというのは，形としては容認できるものの，実際には不自然であろう．）

　4.5.2 項において，個別のケースで差別を証明することはできないが，このような差別が起きた確率を求めることはでき，そしてこの確率がときとして確実といえるレベルに達することがあることを示す．次の例では差別の問題，この場合は性的指向ではなく，性別による差別が，陪審員の目からではなく，政策決定者からはどのように見えるかを検討する．

4.4.5　媒介とパス切断介入

例 4.4.5　政策決定者は採用における性間格差が，教育の場や，職業訓練において性別による差をなくすことではなく，採用の決定を性別によらないものにすることによってどの程度縮まるかを評価したい．前者は"間接効果"つまり仕事をする資格について媒介された効果であり，後者は採用における性別の"直接効果"である．

　この例では，2 つの政策オプションは，雇用主の偏見をなくすことと教育改革に取り組むことであり，これらは大きな投資と異なる実行計画が必要となる．成功した場合 2 つのうちのどちらが，採用時性別格差を減少させるのにより大きなインパクトがあるかを前もって知ることは計画立案において必要であり，その答えにたどりつくには媒介分析が非常に重要である．たとえば，現行の採用における性格差が主に雇用主の偏見によるものだと分かれば，教育改革は必要ないことになる．そしてこのことにより相当のリソースを節約できるかもしれない．しかしこの例において注意しておかなければならないのは，政策に関する意思決定はプロセスを実行するまたは実行しないというもので，特定の変

数の値を増加させるとか減少させるとかいう種類のものではないということである．教育改革のプログラムであれば，現行の教育システムを女性が男性と同じ教育機会を得られるような新しいものにすることになる．採用時における対策をするのであれば，現行の採用方法を，性別を考慮しないような新しいものに置き換えることになる．

変数のレベルを変更するのではなく，プロセスを止めてしまうことを検討しているのであるから，このような介入の効果を3.7節の媒介分析のように do オペレーターで表すことはできない．しかし，望みの最終結果を前提条件とすることにより，これを反事実の言葉を使って表すことはできる．たとえば，もし性別を考慮しないような採用基準を実施した後での両性間の差を評価したいならば，女性は男性と同様に扱われるという条件を前提とし，このような反事実の条件において採用率を推定することになる．

分析は以下のように行われる．雇用主が彼女を男性であるかのように扱ったという条件において，資格 $Q = q$ を有するある女性の応募者の採用結果 (Y) は反事実を使い $Y_{X=1,Q=q}$ と書ける．ここで $X=1$ は男性であることを示す．しかし q は応募者それぞれで異なるため，女性の資格の分布によりこの量の平均をとり $\sum_q E[Y_{X=1,Q=q}]P(Q=q|X=0)$ を得る．男性の応募者も同様の採用率となるが，平均は男性の資格の分布により，

$$\sum_q E[Y_{X=1,Q=q}]P(Q=q|X=1)$$

となる．ここで2つの差をとると

$$\sum_q E[Y_{X=1,Q=q}][P(Q=q|X=0) - P(Q=q|X=1)]$$

を得る．これは資格により媒介された採用における性別の間接効果である．この効果を自然な間接効果（NIE: natural indirect effect）と呼ぶ．なぜならば，第3章における制御された直接効果（CDE: controlled direct effect）では媒介変数を母集団全体において一定の値に固定したのに対し，ここでは資格 Q は応募者により自然にさまざまな値をとるからである．ここでは Y が X により変化することを不可能とし，しかし Q によって変化することは妨げない．

次の問題は，このような反事実の表現はデータから識別可能であるか否かと

いうことである．Pearl 2001 は交絡がない場合，NIE は条件付き確率で推定することができることを示した．

$$NIE = \sum_q E[Y|X=1, Q=q][P(Q=q|X=0) - P(Q=q|X=1)]$$

この式は媒介公式と呼ばれる．これは X が Y に及ぼす効果のうちどの程度が媒介変数 Q への効果により説明されているかを測っている．反事実の分析により，X から Y の直接効果を"凍結"し，しかも各個体の媒介変数 (Q) は凍結など起きなかったかのように自然に X に反応させることにより，NIE を定義し，評価することができる．

4.5 節でさまざまな媒介を推定するのに必要な数学的ツールをまとめることにする．

4.5 介入と寄与の分析に関する数学的ツール

4.4 節での反事実分析の実践的応用を思い出すと，よく似たパターンの数式や解法を何度か繰り返し見たことに気づく．最初は ETT: effect of treatment on the treated であり，この式で際立つのは反事実の表現 $E[Y_x|X=x']$ である．ここで x と x' は X の異なる値である．プログラム参加の勧誘（4.4.1 項）や加法的介入（例 4.4.2）などさまざまな問題がこの反事実の値により分析できることを学んだ．そして推定が可能であるような条件と推定可能な場合の推定値（式 4.21 と式 4.8）を示した．

もう一つの繰り返し出てくるパターンは個人的意思決定の問題（例 4.4.2）や差別のケース（例 4.4.4）など，原因分析の問題に見られる．ここでは，必要性の確率の式をよく見かけた．

$$PN = P(Y_0 = 0|X=1, Y=1)$$

必要性の確率は法的責任の問題でも出てくる．"実際には行動をを起こし（$X=1$），被害があった（$Y=1$）のであるが，もし行動を起こさなかったら被害がなかった（$Y_0=0$）であろう確率"と読むことができる．4.5.1 項で観察データと実験データを合わせて使うことにより読者が PN を推定する（あるいは上下

限を求める）際に有用な数学的結果をまとめる．

最後に媒介の問題において（例 4.4.5），重要な反事実の式は

$$E\left[Y_{x,M_{x'}}\right]$$

で，これは"処置が $X = x$ であったならば，そして同時に媒介変数 M の値が，X が x' であったならばとっていたであろう値 $M_{x'}$ であったならば，反応 (Y) の期待値はどうなっていたであろうか."と読むことができる．4.5.2 項ではこの"入れ子"になっている反事実の式を推定することができる条件と，推定可能な場合の公式そして解釈の仕方について述べる．

4.5.1　原因の確率と寄与に関するツール

2 値の事象を仮定する．また $X = x$ と $Y = y$ はそれぞれ介入と反応であるとする．さらに $X = x'$ と $Y = y'$ はそれぞれの否定とする．求めたい量は言葉にすると：

"実際には X の値は x，Y の値は y であるのだが，もし X の値が x' であったならば，Y の値が y' であろう確率を求めよ."

となる．

数学的にはこれは

$$PN(x,y) = P(Y_{x'} = y'|X = x, Y = y) \tag{4.27}$$

となる．この反事実の量は必要性の確率（PN: probability of necessity）と呼ばれ，法曹界における"but for — もしもそれがなかったら"の基準をとらえている．これによると，原告の請求を認めるのは被告の行動がなかったとしたら被害はなかったであろうことが"より確実な"場合そしてその場合のみである（Robertson 1997）．

PN をきちんと数式として表現した（式 4.27）ので，次に識別可能性の話題に移ることにする．観察であれ，実験であれ，あるいはその組み合わせであれ，実証研究から，どのような仮定があれば，PN を識別することができるかを調べることにする．

この問題を数学的に分析した結果（Pearl 2000 第 9 章）以下を得る．

定理 4.5.1 すべての u で Y が X について単調,つまり $Y_1(u) \geq Y_0(u)$ であるとき,因果効果 $P(y|do(x))$ が識別可能であるならば PN も識別可能である.

$$PN = \frac{P(y) - P(y|do(x'))}{P(x,y)} \tag{4.28}$$

また $P(y) = P(y|x)P(x) + P(y|x')(1-P(x))$ を代入し,

$$PN = \frac{P(y|x) - P(y|x')}{P(y|x)} + \frac{P(y|x') - P(y|do(x'))}{P(x,y)} \tag{4.29}$$

を得る.

式 4.29 の右辺第 1 項は,過剰相対リスク(ERR: excess risk ratio)と呼ばれ,裁判で実験データがないときによく使われる(Greenland 1999).また,処置群における寄与危険割合(Jewell 2004 4.7 節)とも呼ばれている.第 2 項は交絡バイアス $P(y|do(x')) \neq P(y|x')$ の修正項(CF: confounding factor)である.言葉にすると,全員について X の値を x' にしたとき $Y=y$ となるような人の割合と,自ら選んで X の値を x' にした人について $Y=y$ となるような人の割合とが異なるとき,交絡は起きる.たとえば,自動車会社が,車の設計に落ち度があったために自動車事故で男が死んでしまったと訴えられたとしよう.ERR はその自動車会社の車を運転すると事故で死亡する確率がどれほど高くなるかを計算する.もしその自動車会社の車を買う人たちは一般の運転者よりもスピードを出す傾向にある(したがって死亡事故になりやすい)という場合には,第 2 項がこのバイアスを修正する.

このように式 4.29 は因果関係の必要性の推定値を与える.そしてこの式は $Y_x(u)$ が単調であれば,ランダム化試験であれグラフを使った観察研究であれ(たとえばバックドア基準によるもの),因果効果 $P(y|do(x))$ が推定可能な場合にはいつでも使うことができる.さらに重要なことに,式 4.28 は単調な場合一般について PN の下限を与えることが示されている(Tian and Pearl 2000).特に,PN の上限と下限は

$$\max\left\{0, \frac{P(y) - P(y|do(x'))}{P(x,y)}\right\} \leq PN \leq \min\left\{1, \frac{P(y'|do(x')) - P(x',y')}{P(x,y)}\right\} \tag{4.30}$$

で与えられる.薬害関係の訴訟では,実験データと観察データがともに手に入るということはよくあることである.前者は製薬会社または薬の販売を許可し

た政府機関（FDA など）から，そして後者は母集団に調査をかけることにより手に入る．

多少の代数的処理により，下限（LB）と上限（UB）は

$$LB = ERR + CF$$
$$UB = ERR + q + CF \tag{4.31}$$

と書ける．ここに，ERR, CF, q は

$$CF \triangleq [P(y|x') - P(y_{x'})]/P(x,y) \tag{4.32}$$
$$ERR \triangleq 1 - 1/RR = 1 - P(y|x')/P(y|x) \tag{4.33}$$
$$q \triangleq P(y'|x)/P(y|x) \tag{4.34}$$

と定義される．ここで CF は対照群（$X = x'$）での交絡の度合いを標準化したもの，ERR は過剰相対リスク（excess risk ratio），そして q は処置群における正負の反応の比である．

図 4.5(a) と (b) はこれら上限下限を ERR の関数として描いた．これから 3 つの有用な特徴が分かる．まず，交絡があるか否かにかかわらず，UB–LB の間隔は一定で，観察可能なパラメター $P(y'|x)/P(y|x)$ のみに依存する．第 2 に，ERR のみでは十分でないという場合に，CF は "より確からしい" 基準 $PN > \frac{1}{2}$ を満たすために下限を上昇させるかもしれない．最後に，上下限の上昇の量は CF によって与えられ，これは実験データから推定する必要のある唯一の量である．因果効果 $P(y_x) - P(y_{x'})$ は必要ない．

定理 4.5.1 はさらに，もし単調性を仮定することができれば，上限と下限は等しくなり，図 4.5(b) のようにギャップは消える．ギャップが消えたのは $q = 0$ というわけではない．これは式 4.30 の上下限から式 4.28 の条件に移行しただけである．

実験データと調査データがランダムに同一母集団から抽出されたのであれば，実験データにより興味のある反事実を求めることができる．たとえば，実験と観察により抽出された標本での $P(Y_x = y)$ などである．

例 4.5.1（訴訟における原因究明）　薬 x を製造する製薬会社に対して訴訟が起こさ

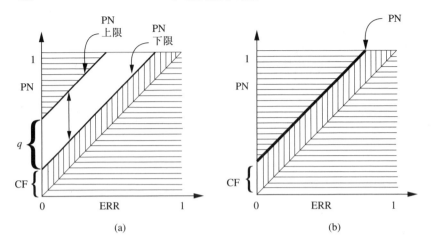

図 4.5 (a) 必要性の確率（PN）の上下限が過剰相対リスク（ERR）と CF により決まる様子（式 4.31）を示す．(b) 単調性を仮定した場合，PN が識別される様子（定理 4.5.1）．

れた．A さんは腰痛を和らげるために薬 x を飲み，そのせいで死亡したというのである．製薬会社は腰痛患者に対する実験データにより薬 x は死亡率にほんのわずかな影響しかないとの結論に至ったと主張する．しかし，原告はその実験結果は本件にはほとんど関係がないと主張する．なぜなら，結果は実験に参加した患者について平均的な効果を測定したものであり，調査に参加しなかった A さんのような患者には当てはまらないというのである．特に，A さんは自分の意思で薬を使ったのであり，実験の手順に従って薬を飲んだ被験者とは異なるのだと原告は主張する．この主張をさらに強めるように，原告は，非実験データを用意した．ここでは，A さんのように実験には関わっておらず，薬 x を腰痛の改善のために自分の意思で飲んだ患者については，薬を飲まなかった人よりも死亡率が低かったのである．法廷は実験データと非実験調査両方をもとにして，薬 x が実際 A さんの死亡原因であることが"より確からしい"かどうか結論を出さなければならない．

式 4.30 の上限下限が有用であることを示すのに，表 4.5 にある 2 つの調査による仮想データを検討する（以下の分析では標本分散は無視する）．

実験データによる推定は

$$P(y|do(x)) = 16/1000 = 0.016 \tag{4.35}$$

$$P(y|do(x')) = 14/1000 = 0.014 \tag{4.36}$$

であり，非実験データによれば

$$P(y) = 30/2000 = 0.015 \tag{4.37}$$
$$P(x,y) = 2/2000 = 0.001 \tag{4.38}$$
$$P(y|x) = 2/1000 = 0.002 \tag{4.39}$$
$$P(y|x') = 28/1000 = 0.028 \tag{4.40}$$

の推定となる．

表 4.5 実験データおよび非実験データで薬 x が人の死 y の原因である確率 PN を推定する．

	実験データ		非実験データ	
	$do(x)$	$do(x')$	x	x'
死 (y)	16	14	2	28
生存 (y')	984	986	998	972

単調性，つまり薬 x は死に至らせることはあっても死を防ぐことはできないと仮定すると，定理 4.5.1（式 4.29）により

$$\begin{aligned} PN &= \frac{P(y|x) - P(y|x')}{P(y|x)} + \frac{P(y|x') - P(y|do(x'))}{P(x,y)} \\ &= \frac{0.002 - 0.028}{0.002} + \frac{0.028 - 0.014}{0.001} = -13 + 14 = 1 \end{aligned} \tag{4.41}$$

を得る．

観察 ERR は負であり（−13），薬が死を防いでいるように見えるが，バイアス修正項（+14）がこれを打ち消し，PN は 1 となる．さらに，式 4.30 の下限は 1 となるので，単調性を仮定しなくても，$PN = 1.00$ であると結論する．したがって，原告は正しい．標本誤差がないとき，このデータにより薬 x が確実に A さんの死の原因であると言える．

原因究明のツールの最後に，個人の意思決定（例 4.4.3）におけるあと 2 つの確率，PS と PNS についてもも同様に上下限を求めることができる（Pearl 2000 第 9 章，Tien and Pearl 2000）．

特に，$Y_x(u)$ が単調の場合，

$$PNS = P(Y_x = 1, Y_{x'} = 1)$$
$$= P(Y_x = 1) - P(Y_{x'} = 1) \tag{4.42}$$

となる．これは例 4.4.3，式 4.26 にもある．

練習問題 4.5.1 例 4.4.3 にある Jones さんのジレンマについて考える．Fisher et al. 2002 の実験結果に加え，彼女は観察データも手に入れることができた．このデータによると，すべての患者における腫瘍の再発率は（放射線治療の有無にかかわらず）30% であり，再発したケースのうち，70%は放射線治療を受けていなかった．式 4.30 にある上下限より，彼女の治癒に処置を受けるという決断が必要であったかどうか答えよ．

4.5.2 媒介についてのツール

よくある媒介問題の標準的なモデルは

$$t = f_T(u_T), \quad m = f_M(t, u_M), \quad y = f_Y(t, m, u_Y) \tag{4.43}$$

の形である．ここで，T（処置），M（媒介），Y（反応）は連続的または離散的確率変数であり，f_T, f_M, f_Y は任意の関数，U_T, U_M, U_Y はそれぞれ T，M，Y に影響を与える省略変数である．ベクトル $U = (U_T, U_M, U_Y)$ は確率ベクトルで，個体間のばらつきを表す．

図 4.6(a) において省略変数は任意の分布で，互いに独立していると仮定している．図 4.6(b) では，U_Y と U_M をつなぐ破線の弧（U_M と U_T でも同様）はこれらの特徴が従属かもしれないことを示している．

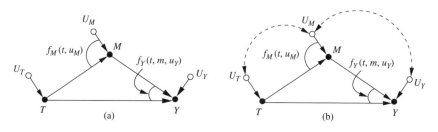

図 4.6 (a) 媒介の基本モデル．交絡はない．(b) 交絡した媒介モデル．U_M と (U_T, U_Y) の間に従属性がある．

反事実における直接効果と間接効果の定義

式 4.43 の構造モデルと 4.2.1 項で定義した反事実の記号を使い，$T=0$ から $T=1$ への移行において 4 種類の効果を定義することができる．これを任意の点，たとえば $T=t$ から $T=t'$ に一般化することは容易である．[*2)]

(a) 総合効果 TE（total effect）

$$TE = E[Y_1 - Y_0]$$
$$= E[Y|do(T=1)] - E[Y|do(T=0)] \quad (4.44)$$

TE は処置が $T=0$ から $T=1$ へ変化したときの Y の増加量の期待値である．このとき媒介変数は T が変化するにつれて関数 f_M により自然に変化する．

(b) 制御された直接効果 CDE（controlled direct effect）

$$CDE(m) = E[Y_{1,m} - Y_{0,m}]$$
$$= E[Y|do(T=1, M=m)] - E[Y|do(T=0, M=m)] \quad (4.45)$$

CDE は処置が $T=0$ から $T=1$ へ変化したときの Y の増加量の期待値である．このとき媒介変数は母集団全体について一律 $M=m$ に設定されている．

(c) 自然な直接効果 NDE（natural direct effect）

$$NDE = E[Y_{1,M_0} - Y_{0,M_0}] \quad (4.46)$$

NDE は処置が $T=0$ から $T=1$ へ変化したときの Y の増加量の期待値である．このとき媒介変数は，変化前の状態，つまり $T=0$ において（それぞれの個体が）とったであろう値に固定されている．

(d) 自然な間接効果 NIE（natural indirect effect）

$$NIE = E[Y_{0,M_1} - Y_{0,M_0}] \quad (4.47)$$

NIE は処置が $T=0$ で固定されているときの Y の増加量の期待値である．このとき M は $T=1$ において（それぞれの個体が）とったであろう値に変化する．したがって，これは Y が X に反応しないようにしたうえで媒介変数の

[*2)] これらの定義は母集団レベルのものである．個体レベルの効果は期待値記号の中の式で与えられる．期待値はすべて特徴 U_M と U_Y についてとる．

みによって説明される効果の割合を表す．

一般に，総合効果は

$$TE = NDE - NIE_r \tag{4.48}$$

のように分解することができる．ここで，NIE_r は $T=1$ から $T=0$ へ逆向きの移行をしたときの NIE である．これは NDE と TE が識別可能であれば NIE も識別可能であることを意味する．線形システムでは，逆向きの移行は効果の符号を逆にすることになるので，標準の加算式 $TE = NDE + NIE$ を得る．

さらに，TE と $CDE(m)$ は do 表記であり，したがって実験データや観察調査から，バックドアやフロントドア調整を使うことにより推定することができる．NDE や NIE ではそうはいかない．これらの識別可能性については別の仮定が必要である．

自然な効果を識別するための条件

以下の条件 A-1 から A-4 までが自然な直接効果と間接効果を識別する十分条件である．

共変量の集合 W が以下の条件を満たすとき NDE と NIE を識別することができる．

A-1　W の要素には T の子孫が一つもない．

A-2　W は（$T \to M$ と $T \to Y$ を除いた後）M から Y へのバックドアパスをすべてブロックする．

A-3　T から M への特定 W 効果は（おそらく実験か調整により）識別可能である．

A-4　$\{T, M\}$ から Y への特定 W 同時効果は（おそらく実験か調整により）識別可能である．

定理 4.5.2（NDE の識別）　条件 A-1 と A-2 が成り立つならば，自然な効果は実験により識別可能であり，

$$\begin{aligned}
NDE = \sum_m \sum_w &[E[Y|do(T=1, M=m), W=w] \\
&- E[Y|do(T=0, M=m), W=w]] \\
&\times P(M=m|do(T=0), W=w) P(W=w)
\end{aligned} \tag{4.49}$$

で与えられる．式 4.49 にある *do* 表記の識別可能性は条件 A-3 と A-4 により保証されており，バックドアまたはフロントドア基準を使って計算することができる．

系 4.5.1 集合 W が条件 A-1 と A-2 を満たし，かつ W が A-3 と A-4 における関係を非交絡とするとき，式 4.49 の *do* 表記は条件付き期待値に帰着し，NDE は

$$NDE = \sum_m \sum_w [E[Y|T=1, M=m, W=w]$$
$$- E[Y|T=0, M=m, W=w]]$$
$$\times P(M=m|T=0, W=w)P(W=w) \quad (4.50)$$

となる．非交絡のケースでは（図 4.6(a)），NDE は

$$NDE = \sum_m [E[Y|T=1, M=m] - E[Y|T=0, M=m]]$$
$$\times P(M=m|T=0) \quad (4.51)$$

となる．同様に式 4.48 と $TE = E[Y|T=1] - E[Y|T=0]$ により，NIE は

$$NIE = \sum_m E[Y|T=0, M=m][P(M=m|T=1) - P(M=m|T=0)] \quad (4.52)$$

となる．

最後にある 2 つの式は媒介公式と呼ばれる．NDE は CDE の重み付き平均であるが，NIE ではこのような解釈をすることはできない．

反事実による NDE と NIE の定義（式 4.46 と式 4.47）により，これらの効果を有効率で説明することができる．比 NDE/TE は，M を"凍結"したまま直接伝播する反応の割合である．NIE/TE の比は，Y が X に影響されないとき，M を経由して伝播する反応の割合である．したがって，差 $(TE - NDE)/TE$ は反応のうち M によるものの割合である．

数値を使った具体例：2 値変数による媒介

これら媒介公式を具体的な例を用いて分かりやすく説明するため，4.2.3 項の自己選択の例をもう一度取り上げる．$T=1$ は補習に参加することを，$Y=1$ は試験に合格すること，$M=1$ は学生が週 3 時間以上宿題に取り組む事象を表すとする．さらに，表 4.6 と表 4.7 のデータはランダム化試験によるもので，媒介と反応の間に交絡はないものとする（図 4.6(a)）．データによると，補習に

参加することにより，宿題に費やす時間も，試験の合格率も上昇しているようである．さらに，補習参加と宿題にかける時間増加の両方を実行した方が，どちらか片方のみを実行するよりも合格につながりやすい．

表 4.6 処置群 ($T=1$) と対照群 ($T=0$) において宿題 (M) により合格 (Y) の期待値が変化する様子

処置	宿題	合格率
T	M	$E[Y\|T=t, M=m]$
1	1	0.80
1	0	0.40
0	1	0.30
0	0	0.20

表 4.7 処置群 ($T=1$) と対照群 ($T=0$) における宿題 (M) の期待値．

処置	宿題
T	$E[M\|T=t]$
0	0.40
1	0.75

ここでの問題は放課後補習プログラムの参加にかかわらず，宿題時間が試験の合格率にどの程度影響しているかである．このような問いの政策上の意味は，たとえば宿題に費やした努力を成績に関連付けるとか，あるいは家庭での学習環境を十分なものにするなどして宿題に取り組む努力を拡大させるような政策をとるのがよいのか，それとも宿題に関する努力を減らすような政策をとるのがよいのかについて評価することにある．データの説明が教育政策に大きなインパクトをもたらすかもしれない．極端な場合，このプログラムは生徒の成功に本質的な影響を与えないということになるかもしれない．もちろん生徒に宿題をきちんとやるように奨励するという効果はあるかもしれないが，それならばもっと費用を抑えた方法が他にあるであろう．これと逆に，先生たちはこのプログラムはたいへんな成果を上げていると言うかもしれない．そしてこの成果は主に補習カリキュラムのユニークな特徴によるもので，宿題の時間を増加させるだけではこのような成果は上がらなかったであろうということになるかもしれない．

式 4.51 と式 4.52 に値を代入し

$$NDE = (0.40 - 0.20)(1 - 0.40) + (0.80 - 0.30)0.40 = 0.32$$
$$NIE = (0.75 - 0.40)(0.30 - 0.20) = 0.035$$
$$TE = 0.80 \times 0.75 + 0.40 \times 0.25 - (0.30 \times 0.40 + 0.20 \times 0.60) = 0.46$$
$$NIE/TE = 0.07 \quad NDE/TE = 0.696, \quad 1 - NDE/TE = 0.304$$

を得る．結論としては，プログラム全体としては合格率を 46%増加させている．そのうちの多く，30.4%はプログラムにより宿題に時間をかけるようになった結果である．プログラムの中身によらず，宿題の時間の増加のみによる合格率の増加は 7%のみである．

練習問題 4.5.2 構造モデル

$$y = \beta_1 m + \beta_2 t + u_y \tag{4.53}$$
$$m = \gamma_1 t + u_m \tag{4.54}$$

を考える．

(a) 自然な効果の基本定義（式 4.46 と式 4.47）を使い，TE, NDE, NIE を求めよ．

(b) u_y と u_m に相関関係があるとして問い (a) を繰り返せ．

練習問題 4.5.3 構造モデル

$$y = \beta_1 m + \beta_2 t + \beta_3 tm + \beta_4 w + u_y \tag{4.55}$$
$$m = \gamma_1 t + \gamma_2 w + u_m \tag{4.56}$$
$$w = \alpha t + u_w \tag{4.57}$$

を考える．$\beta_3 tm$ は交互作用項である．

(a) 自然な効果の基本定義（式 4.46 と式 4.47，M を媒介変数とする）を使い，効果のうち媒介が必要である部分（$TE - NDE$）と媒介が十分である部分（NIE）を求めよ．ヒント：以下を示すとよい．

$$NDE = \beta_2 + \alpha \beta_4 \tag{4.58}$$
$$NIE = \beta_1(\gamma_1 + \alpha \gamma_2) \tag{4.59}$$

$$TE = \beta_2 + (\gamma_1 + \alpha\gamma_2)(\beta_3 + \beta_1) + \alpha\beta_4 \quad (4.60)$$

$$TE - NDE = (\beta_1 + \beta_3)(\gamma_1 + \alpha\gamma_2) \quad (4.61)$$

(b) W を媒介変数として上問を繰り返せ.

練習問題 4.5.4 本節の媒介公式を 4.4.4 項の差別のケースに当てはめ, XYZ インターナショナルの採用過程において差別があったかどうか判定せよ. 表 4.6 と表 4.7 のデータを使い, $T = 1$ は男性の応募者, $M = 1$ は十分資格のある応募者, $Y = 1$ は採用を表すとする.（採用における性差を求め, そのうち資格のみによって説明できる割合を求めよ.）

終わりに

媒介分析はおそらく本書でこれまで論じてきた反事実とグラフをともに利用することがいかに効果的かを示すのにもっとも適している例であろう. A-1 から A-4 の識別条件を見ていると, モデルについての 4 つの条件を理解するのは簡単ではない. 任意のシナリオでこれらが成り立つかどうか確かめることは, グラフに頼らないとすれば, 人間業ではとうてい困難な作業であることは疑いようがない. しかしグラフと併用することによって, 研究者は識別に必要な仮定が成り立つかどうかを理解し, 表現し, 考察し, そして判断する必要がなくなる. その代わりに, この方法では A-1 から A-4 の仮定について成り立つか成り立たないかを, アルゴリズムを使ってより確かな仮定, つまり構造モデルに示された仮定から判定することができる. 因果ダイアグラムが構成されれば単純に道をたどる作業になるため, 媒介分析に人間の判断は必要なくなる. 因果ダイアグラムを構成する際に使った判断で十分であり, このダイアグラム構築にあたって必要なのは実現可能な変数やその錯乱項の因果関係に関する判断のみである.

参考文献

反事実を構造方程式から定義した式 4.5 は Balke and Pearl 1994a, b による. この論文では訴訟における因果の確率を推定している. 哲学者 David Lewis は

可能世界についての類似性を使って反事実を定義した（Lewis 1973）．統計学において，ランダム化比較試験における個体 u の処置 $X = x$ での潜在反応を $Y_x(u)$ とする表記法は Neyman（1923）による．Rubin 1974 が Y_x を確率変数として扱い，式 4.6 の一致性により観測された変数との関連付けをした．これは Lewis の論理における，また構造モデルにおける定理でもある．これら反事実についての3つの表現形式については Pearl 2000 第 7 章で詳細に論じている．そこではこれら 3 つは論理的に同値であることが示されている．3 つのフレームワークのうち 1 つを使って解いた問題は，別の形式で解いても同じ答えになる．Rubin のフレームワークは"潜在反応"と呼ばれ，構造モデルと異なる点は問題を定義する方法，したがって答えを導くのに使う数学的ツールのみである．潜在反応フレームワークにおいては，問題は反事実の独立性の仮定として（"無視可能性仮定"とも呼ばれる），代数的に定義される．このような仮定，たとえば式 4.15 のようなものは複雑すぎるために有効な手立てなしには解釈し，実証することはできないかもしれない．一方で，構造モデルのフレームワークにおいては，問題は因果グラフという形で定義されているため，反事実の従属性（たとえば式 4.15）は機械的に導くことができる．統計学者に代数的アプローチを好む方が多い理由は，主に統計学においてこのようなグラフを使う方法は比較的新しいからである．最近の社会科学（たとえば Morgan and Winship 2014）あるいは医学（たとえば VanderWeele 2015）の文献では本書でとったグラフ–反事実折衷法を採用している．

　線形反事実の節は Pearl 2009 pp. 389–391 による．近年の成果については Cai and Kuroki 2006 や Chen and Pearl 2014 に詳しい．ETT（Effect of Treatment on the Treated）および加法的介入は Shpitser and Pearl 2009 による．ここでは ETT が識別可能であるモデルを完全に記述している．

　法律的原因究明の問題や，因果の確率は Greenland 1999 に詳しい．Greenland はこの種の問題について反事実のアプローチを応用したパイオニアである．本書での PN, PS, PNS に関する議論は Tian and Pearl 2000, Pearl 2000 第 9 章による．4.5.1 項のツールを含む近年の研究成果については Pearl 2015a を参照されたい．

　媒介分析（4.4.5 項と 4.5.2 項）は第 3 章でも触れたように，社会科学の領域に

おいて長い歴史がある（Dunkan 1975; Kenny 1979）が，反事実分析の導入により目覚ましい発展をとげた．Baron and Kenny 1986 の統計的アプローチからより近代的な，反事実をもとにした自然な直接効果と間接効果（Pearl 2001, Robins and Greenland 1992）によるアプローチへの移行の歴史的背景については Pearl 2014a の 1 節と 2 節を参照されたい．最近の教科書 VanderWeele 2015 は，これらの成果を新たな結果と応用例によりさらに発展させている．感度分析，上下限，複数の媒介変数，識別可能性のより強い条件など媒介における進展については Imai et al. 2010 と Muthen and Asparouhov 2015 で論じられている．

4.5.2 項の媒介分析ツールは Pearl 2014a による．Shpitser 2013 はグラフにおいて間接効果を識別する一般的な基準を導いた．

文　　献

1) Balke A and Pearl J 1994a Counterfactual probabilities: computational methods, bounds, and applications In *Uncertainty in Artificial Intelligence 10* (ed. de Mantaras RL and Poole D) Morgan Kaufmann Publishers, San Mateo, CA pp. 46–54.
2) Balke A and Pearl J 1994b Probabilistic evaluation of counterfactual queries *Proceedings of the Twelfth National Conference on Artificial Intelligence*, vol. I, MIT Press, Menlo Park, CA pp. 230–237.
3) Bareinboim E and Pearl J 2012 Causal inference by surrogate experiments (or, z-identifiability) In *Proceedings of the Twenty-eighth Conference on Uncertainty in Artificial Intelligence* (ed. de Freitas N and Murphy K) AUAI Press, Corvallis, OR, pp. 113–120.
4) Bareinboim E and Pearl J 2013 A general algorithm for deciding transportability of experimental results *Journal of Causal Inference* **1** (1), 107–134.
5) Bareinboim E and Pearl J 2016 Causal inference and the data-fusion problem *Proceedings of the National Academy of Sciences* **113** (17), 7345–7352.
6) Bareinboim E, Tian J and Pearl J 2014 Recovering from selection bias in causal and statistical inference In *Proceedings of the Twenty-eighth AAAI Conference on Artificial Intelligence* (ed. Brodley CE and Stone P) AAAI Press, Palo Alto, CA, pp. 2410–2416.
7) Baron R and Kenny D 1986 The moderator-mediator variable distinction in social psychological research: conceptual, strategic, and statistical considerations. *Journal of Personality and Social Psychology* **51** (6), 1173–1182.
8) Berkson J 1946 Limitations of the application of fourfold table analysis to hospital data. *Biometrics Bulletin* **2**, 47–53.
9) Bollen K 1989 *Structural Equations with Latent Variables*. John Wiley & Sons, Inc., New York.
10) Bollen K and Pearl J 2013 Eight myths about causality and structural equation models In *Handbook of Causal Analysis for Social Research* (ed. Morgan S) Springer-Verlag, Dordrecht, Netherlands pp. 245–274.
11) Bowden R and Turkington D 1984 *Instrumental Variables*. Cambridge University Press, Cambridge, England.
12) Brito C and Pearl J 2002 Generalized instrumental variables In *Uncertainty in Artificial Intelligence, Proceedings of the Eighteenth Conference* (ed. Darwiche A and Friedman N) Morgan Kaufmann San Francisco, CA pp. 85–93.
13) Cai Z and Kuroki M 2006 Variance estimators for three 'probabilities of causation'. *Risk Analysis* **25** (6), 1611–1620.
14) Chen B and Pearl J 2014 *Graphical tools for linear structural equation modeling*. Technical Report R-432, Department of Computer Science, University of California, Los Angeles, CA. Submitted, Psychometrika, http://ftp.cs.ucla.edu/pub/stat_ser/r432.pdf.

15) Cole S and Hernán M 2002 Fallibility in estimating direct effects. *International Journal of Epidemiology* **31** (1), 163–165.
16) Conrady S and Jouffe L 2015 *Bayesian Networks and BayesiaLab: A Practical Introduction for Researchers* 1st edition edn. Bayesia USA.
17) Cox D 1958 *The Planning of Experiments*. John Wiley and Sons, New York.
18) Darwiche A 2009 *Modeling and Reasoning with Bayesian Networks*. Cambridge University Press, New York.
19) Duncan O 1975 *Introduction to Structural Equation Models*. Academic Press, New York.
20) Elwert F 2013 Graphical causal models In *Handbook of Causal Analysis for Social Research* (ed. Morgan S) Springer-Verlag, Dordrecht, Netherlands pp. 245–274.
21) Fenton N and Neil M 2013 *Risk Assessment and Decision Analysis with Bayesian Networks*. CRC Press, Boca Raton, FL.
22) Fisher R 1922 On the mathematical foundations of theoretical statistics. *Philosophical Transactions of the Royal Society of London, Series A* **222**, 311.
23) Fisher B, Anderson S, Bryant J, Margolese RG, Deutsch M, Fisher ER, Jeong JH and Wolmark N 2002 Twenty-year follow-up of a randomized trial comparing total mastectomy, lumpectomy, and lumpectomy plus irradiation for the treatment of invasive breast cancer. *New England Journal of Medicine* **347** (16), 1233–1241.
24) Glymour MM 2006 Using causal diagrams to understand common problems in social epidemiology *Methods in Social Epidemiology* John Wiley & Sons, Inc., San Francisco, CA pp. 393–428.
25) Glymour M and Greenland S 2008 Causal diagrams In *Modern Epidemiology* (ed. Rothman K, Greenland S, and Lash T) 3rd edn. Lippincott Williams & Wilkins Philadelphia, PA pp. 183–209.
26) Greenland S 1999 Relation of probability of causation, relative risk, and doubling dose: a methodologic error that has become a social problem. *American Journal of Public Health* **89** (8), 1166–1169.
27) Greenland S 2000 An introduction to instrumental variables for epidemiologists. *International Journal of Epidemiology* **29** (4), 722–729.
28) Grinstead CM and Snell JL 1998 *Introduction to Probability* second revised edn. American Mathematical Society, United States.
29) Haavelmo T 1943 The statistical implications of a system of simultaneous equations. *Econometrica* **11**, 1–12. Reprinted in DF Hendry and MS Morgan (Eds.), 1995 *The Foundations of Econometric Analysis*, Cambridge University Press pp. 477–490.
30) Hayduk L, Cummings G, Stratkotter R, Nimmo M, Grygoryev K, Dosman D, Gilespie, M., Pazderka-Robinson H and Boadu K 2003 Pearl's d-separation: one more step into causal thinking. *Structural Equation Modeling* **10** (2), 289–311.
31) Heise D 1975 *Causal Analysis*. John Wiley and Sons, New York.

32) Hernán M and Robins J 2006 Estimating causal effects from epidemiological data. *Journal of Epidemiology and Community Health* **60** (7), 578–586. DOI: 10.1136/jech.2004.029496.
33) Hernández-Díaz S, Schisterman E and Hernán M 2006 The birth weight "paradox" uncovered? *American Journal of Epidemiology* **164** (11), 1115–1120.
34) Holland P 1986 Statistics and causal inference. *Journal of the American Statistical Association* **81** (396), 945–960.
35) Howard R and Matheson J 1981 Influence diagrams. *Principles and Applications of Decision Analysis*. Strategic Decisions Group, Menlo Park, CA.
36) Imai K, Keele L and Yamamoto T 2010 Identification, inference, and sensitivity analysis for causal mediation effects. *Statistical Science* **25** (1), 51–71.
37) Jewell NP 2004 *Statistics for Epidemiology*. Chapman & Hall/CRC, Boca Raton, FL.
38) Kenny D 1979 *Correlation and Causality*. John Wiley & Sons, Inc., New York.
39) Kiiveri H, Speed T and Carlin J 1984 Recursive causal models. *Journal of Australian Math Society* **36**, 30–52.
40) Kim J and Pearl J 1983 A computational model for combined causal and diagnostic reasoning in inference systems *Proceedings of the Eighth International Joint Conference on Artificial Intelligence (IJCAI-83)*, pp. 190–193, Karlsruhe, Germany.
41) Kline RB 2016 *Principles and Practice of Structural Equation Modeling* fourth: revised and expanded edn. Guilford Publications, Inc., New York.
42) Koller K and Friedman N 2009 *Probabilistic Graphical Models: Principles and Techniques*. MIT Press, United States.
43) Kyono T 2010 *Commentator: A front-end user-interface module for graphical and structural equation modeling* Master's thesis Department of Computer Science, University of California, Los Angeles Los Angeles, CA.
44) Lauritzen S 1996 *Graphical Models*. Clarendon Press, Oxford. Reprinted 2004 with corrections.
45) Lewis D 1973 Causation. *Journal of Philosophy* **70**, 556–567.
46) Lindley DV 2014 *Understanding Uncertainty* revised edn. John Wiley & Sons, Inc., Hoboken, NJ.
47) Lord FM 1967 A paradox in the interpretation of group comparisons. *Psychological Bulletin* **68**, 304–305.
48) Mohan K, Pearl J and Tian J 2013 Graphical models for inference with missing data In *Advances in Neural Information Processing Systems 26* (ed. Burges C, Bottou L, Welling M, Ghahramani Z and Weinberger K) Neural Information Processing Systems Foundation, Inc. pp. 1277–1285.
49) Moore D, McCabe G and Craig B 2014 *Introduction to the Practice of Statistics*. W.H. Freeman & Co., New York.
50) Morgan SL and Winship C 2014 *Counterfactuals and Causal Inference: Methods and Principles for Social Research, Analytical Methods for Social Research*

2nd edn. Cambridge University Press, New York.
51) Muthén B and Asparouhov T 2015 Causal effects in mediation modeling: An introduction with applications to latent variables. *Structural Equation Modeling: A Multidisciplinary Journal* **22** (1), 12–23.
52) Neyman J 1923 On the application of probability theory to agricultural experiments. Essay on principles. Section 9. *Statistical Science* **5** (4), 465–480.
53) Pearl J 1985 Bayesian networks: A model of self-activated memory for evidential reasoning *Proceedings, Cognitive Science Society*, pp. 329–334, Irvine, CA.
54) Pearl J 1986 Fusion, propagation, and structuring in belief networks. *Artificial Intelligence* **29**, 241–288.
55) Pearl J 1988 *Probabilistic Reasoning in Intelligent Systems*. Morgan Kaufmann, San Mateo, CA.
56) Pearl J 1993 Comment: Graphical models, causality, and intervention. *Statistical Science* **8** (3), 266–269.
57) Pearl J 1995 Causal diagrams for empirical research. *Biometrika* **82** (4), 669–710.
58) Pearl J 1998 Graphs, causality, and structural equation models. *Sociological Methods and Research* **27** (2), 226–284.
59) Pearl J 2000 *Causality: Models, Reasoning, and Inference* 1st edn. Cambridge University Press, New York.
60) Pearl J 2001 Direct and indirect effects *Proceedings of the Seventeenth Conference on Uncertainty in Artificial Intelligence* Morgan Kaufmann San Francisco, CA pp. 411–420.
61) Pearl J 2009 *Causality: Models, Reasoning, and Inference* 2nd edn. Cambridge University Press, New York.
62) Pearl J 2014a Interpretation and identification of causal mediation. *Psychological Methods* **19**, 459–481.
63) Pearl J 2014b Understanding Simpson's paradox. *The American Statistician* **88** (1), 8–13.
64) Pearl J 2015a Causes of effects and effects of causes. *Journal of Sociological Methods and Research* **44**, 149–164.
65) Pearl J 2015b Detecting latent heterogeneity. *Sociological Methods and Research* DOI: 10.1177/0049124115600597, online:1–20.
66) Pearl J 2015c Trygve Haavelmo and the emergence of causal calculus *Econometric Theory*, Special issue on Haavelmo Centennial **31** (1), 152–179.
67) Pearl J *Lord's paradox revisited—(oh Lord! Kumbaya!). Journal of Causal Inference* **4** (2) DOI: 10.1515/jci-2016/0021.
68) Pearl J and Bareinboim E 2014 External validity: from do-calculus to transportability across populations. *Statistical Science* **29**, 579–595.
69) Pearl J and Paz A 1987 GRAPHOIDS: a graph-based logic for reasoning about relevance relations In *Advances in Artificial Intelligence-II* (ed. Duboulay B, Hogg D and Steels L) North-Holland Publishing Co. pp. 357–363.

70) Pearl J and Robins J 1995 Probabilistic evaluation of sequential plans from causal models with hidden variables In *Uncertainty in Artificial Intelligence 11* (ed. Besnard P and Hanks S) Morgan Kaufmann, San Francisco, CA pp. 444–453.
71) Pearl J and Verma T 1991 A theory of inferred causation In *Principles of Knowledge Representation and Reasoning: Proceedings of the Second International Conference* (ed. Allena J, Fikes R and Sandewall E) Morgan Kaufmann San Mateo, CA pp. 441–452.
72) Pigou A 1911 *Alcoholism and Heredity*. Westminster Gazette. February 2.
73) Rebane G and Pearl J 1987 The recovery of causal poly-trees from statistical data *Proceedings of the Third Workshop on Uncertainty in AI*, pp. 222–228, Seattle, WA.
74) Reichenbach H 1956 *The Direction of Time*. University of California Press, Berkeley, CA.
75) Robertson D 1997 The common sense of cause in fact. *Texas Law Review* **75** (7), 1765–1800.
76) Robins J 1986 A new approach to causal inference in mortality studies with a sustained exposure period—applications to control of the healthy workers survivor effect. *Mathematical Modeling* **7**, 1393–1512.
77) Robins J and Greenland S 1992 Identifiability and exchangeability for direct and indirect effects. *Epidemiology* **3** (2), 143–155.
78) Rubin D 1974 Estimating causal effects of treatments in randomized and nonrandomized studies. *Journal of Educational Psychology* **66**, 688–701.
79) Selvin S 2004 *Biostatistics: How it Works*. Pearson, New Jersey.
80) Senn S 2006 Change from baseline and analysis of covariance revisited. *Statistics in Medicine* **25**, 4334–4344.
81) Shpitser I 2013 Counterfactual graphical models for longitudinal mediation analysis with unobserved confounding. *Cognitive Science* **37** (6), 1011–1035.
82) Shpitser I and Pearl J 2007 What counterfactuals can be tested *Proceedings of the Twenty-Third Conference on Uncertainty in Artificial Intelligence* AUAI Press Vancouver, BC, Canada pp. 352–359. Also, *Journal of Machine Learning Research* **9**, 1941–1979, 2008.
83) Shpitser I and Pearl J 2008 Complete identification methods for the causal hierarchy. *Journal of Machine Learning Research* **9**, 1941–1979.
84) Shpitser I and Pearl J 2009 Effects of treatment on the treated: Identification and generalization *Proceedings of the Twenty-Fifth Conference on Uncertainty in Artificial Intelligence* AUAI Press Montreal, Quebec pp. 514–521.
85) Simon H 1953 Causal ordering and identifiability In *Studies in Econometric Method* (ed. Hood WC and Koopmans T) John Wiley & Sons, Inc. New York pp. 49–74.
86) Simpson E 1951 The interpretation of interaction in contingency tables. *Journal of the Royal Statistical Society, Series B* **13**, 238–241.

87) Spirtes P and Glymour C 1991 An algorithm for fast recovery of sparse causal graphs. *Social Science Computer Review* **9** (1), 62–72.
88) Spirtes P, Glymour C and Scheines R 1993 *Causation, Prediction, and Search*. Springer-Verlag, New York.
89) Stigler SM 1999 *Statistics on the Table: The History of Statistical Concepts and Methods*. Harvard University Press, Cambridge, MA, Hoboken, NJ.
90) Strotz R and Wold H 1960 Recursive versus nonrecursive systems: an attempt at synthesis. *Econometrica* **28**, 417–427.
91) Textor J, Hardt J and Knuüppel S 2011 DAGitty: a graphical tool for analyzing causal diagrams. *Epidemiology* **22** (5), 745.
92) Tian J, Paz A and Pearl J 1998 *Finding minimal d-separators*. Technical Report R-254, Department of Computer Science, University of California, Los Angeles, CA. http://ftp.cs.ucla.edu/pub/stat_ser/r254.pdf.
93) Tian J and Pearl J 2000 Probabilities of causation: bounds and identification. *Annals of Mathematics and Artificial Intelligence* **28**, 287–313.
94) Tian J and Pearl J 2002 A general identification condition for causal effects *Proceedings of the Eighteenth National Conference on Artificial Intelligence* AAAI Press/The MIT Press Menlo Park, CA pp. 567–573.
95) VanderWeele T 2015 *Explanation in Causal Inference: Methods for Mediation and Interaction*. Oxford University Press, New York.
96) Verma T and Pearl J 1988 Causal networks: semantics and expressiveness *Proceedings of the Fourth Workshop on Uncertainty in Artificial Intelligence*, pp. 352–359, Mountain View, CA. Also in R. Shachter, T.S. Levitt, and L.N. Kanal (Eds.), *Uncertainty in AI 4*, Elsevier Science Publishers, 69–76, 1990.
97) Verma T and Pearl J 1990 Equivalence and synthesis of causal models *Proceedings of the Sixth Conference on Uncertainty in Artificial Intelligence*, pp. 220–227, Cambridge, MA.
98) Virgil 29 BC Georgics. Verse 490, Book 2.
99) Wainer H 1991 Adjusting for differential base rates: Lord's paradox again. *Psychological Bulletin* **109**, 147–151.
100) Wooldridge J 2013 Introductory Econometrics: A Modern Approach 5th international edn. South-Western, Mason, OH.
101) 岩崎　学 2015 統計的因果推論（統計解析スタンダード）. 朝倉書店.
102) 黒木　学（訳）2009 統計的因果推論―モデル・推論・推測. 共立出版. [原著は Pearl 2000]
103) 黒木　学 2017 構造的因果モデルの基礎. 共立出版.
104) 宮川雅巳 2004 統計的因果推論―回帰分析の新しい枠組み（シリーズ〈予測と発見の科学〉1）. 朝倉書店.

索　引

欧数字

ACE: average causal effect　73, 76

Bayes の定理　16
　——を使う　18

CDE: controlled direct effect　103, 167

DAG: directed acyclic graph　37
d 分離性　59
d 分離の一般的な定義　61

ETT: effect of training on the trained
　148, 149
ETT: effect of treatment on the treated
　146

Lord のパラドックス　86

Monty Hall 問題　19, 56, 58

NDE: natural direct effect　167
NIE: natural indirect effect　159, 167

PN: probability of necessity　154, 160, 161
PNS　156
probabilities of causation　155
PS: probability of sufficiency　154

SCM: structural causal model　36
Simpson のパラドックス　2, 31, 98

TE: total effect　167

あ 行

因果効果　77
因果探索　64
因果の確率　155
因果の定義　36
因数分解　39

か 行

回帰　27
回帰式の係数　109
外生変数　36
介入　69, 71
確率分布　14
カテゴリー型変数　10
加法的介入　150
間接効果　105, 167

擬似パス　81, 88
期待値　23, 32
逆確率重み付け法　96, 100
共分散　24, 25

グラフ　33

グラフィカルモデル　46

傾向スコア　78, 97

交互作用　108
構造的因果モデル（SCM）　36
構造方程式の係数　109, 110, 112
合流点　53, 54

さ　行

識別　168
事象　10
自然な間接効果（NIE）　159, 167
自然な直接効果（NDE）　167
重回帰　31
従属　13
十分性の確率（PS）　157
巡回的　35
条件付き介入　93, 95
条件付き確率　11
乗法定理　16, 42
処置群での処置効果（ETT）　146
制御された直接効果（CDE）　103, 167
全確率の公式　15, 74
線形システム　105
線形モデル　145

相関係数　25
総合効果（TE）　105, 116, 167, 168
操作変数　116

た　行

逐次的因数分解の法則　40, 79
調整　72, 77
調整化公式　75, 77, 90
直接効果　105, 115, 116, 167

独立　16
独立性　12

な　行

内生変数　36
ノード　33

は　行

媒介　101, 118
パス係数　108
バックドア　140
　——基準　80, 81
　——パス　88
反事実　21, 121, 125, 134, 142, 145, 147
　——の定義　128
　——を計算する3つのステップ　131
非巡回的　35
非巡回的有向グラフ（DAG）　37, 45
非推移的　49
必要かつ十分であるような確率　156
必要性の確率（PN）　160, 161
フロントドア　91
　——基準　87
　——公式　91
　——調整　91
分岐経路　45, 53
分散　24
平均因果効果（ACE）　73
辺　33
変数　10

ま　行

道（パス）　34

モデル検定　64

や 行

有向道 34

ら 行

ランダム化実験 iii

ランダム化比較試験 69

離散型変数 10

連鎖経路 45, 50
連続型変数 10

著者紹介

Judea Pearl――カリフォルニア大学ロサンゼルス校（UCLA）のコンピュータサイエンス・統計学教授．UCLA認知システム研究室のディレクターであり，人工知能・因果推論・科学哲学を研究している．*Journal of Causal Inference* の共同創刊者，編集者でもあり，関連分野で3冊の重要図書を執筆している．最新刊の *Causality: Models, Reasoning, and Inference*（Cambridge, 2000, 2009）［邦訳：黒木2009］では現代の因果分析で使用される手法が多数紹介されている．この本はLSEのラカトジュ賞を受賞し，13,000を超える文献に引用された．

また全米科学アカデミー・技術アカデミーのメンバーであり，アメリカ人工知能学会の設立フェローである．確率論的・因果的推論への重要な貢献により，テクニオン（イスラエル工科大学）のハーベイ賞やACMチューリング賞をはじめとする多くの賞に輝いている．

Madelyn Glymour――カーネギーメロン大学のデータアナリスト．UCLA認知システム研究室のサイエンスライター・編集者でもある．因果的発見や，複雑な概念をわかりやすく伝える技術に興味がある．

Nicholas P. Jewell――カリフォルニア大学バークレー校の生物統計学・統計学教授．1981年の着任以来さまざまな研究職・管理職を歴任し，特に1994年から2000年までは副学長を務めた．また，エジンバラ大学・オックスフォード大学・ロンドン大学衛生熱帯医学大学院・京都大学でも教鞭をとった．2007年にはイタリアのロックフェラー財団ベラージオ研究センターのフェローであった．

また，アメリカ統計学会（ASA）・アメリカ数理統計学会（IMS）・アメリカ科学振興協会（AAAS）のフェローでもある．過去にスネデカー賞およびハーバード大学のマービン・ゼレン統計科学リーダーシップ賞を受賞している．現在 *the Journal of the American Statistical Association — Theory & Methods* の編集者であり，AAASの統計部門の議長を務めている．感染性・慢性疾患疫学への統計的方法の適用，薬物安全性の評価，生存時間分析，および人権についての研究を行っている．

訳者略歴

落海 浩（おちうみ ひろし）

1966年　山口県に生まれる
2008年　南カリフォルニア大学経営学大学院博士課程修了
現　在　南カリフォルニア大学経営学大学院准教授
　　　　Ph.D.

入門　統計的因果推論　　　　　　　　　定価はカバーに表示

2019年8月25日　初版第1刷
2023年8月10日　　　第15刷

　　　　　　　　　　　　訳　者　落　海　　　浩
　　　　　　　　　　　　発行者　朝　倉　誠　造
　　　　　　　　　　　　発行所　株式　朝　倉　書　店
　　　　　　　　　　　　　　　　会社
　　　　　　　　　　　　　東京都新宿区新小川町6-29
　　　　　　　　　　　　　郵 便 番 号　162-8707
　　　　　　　　　　　　　電　話　03（3260）0141
　　　　　　　　　　　　　F A X　03（3260）0180
〈検印省略〉　　　　　　　　https://www.asakura.co.jp

© 2019〈無断複写・転載を禁ず〉　　　　Printed in Korea

ISBN 978-4-254-12241-1　C 3041

JCOPY ＜出版者著作権管理機構　委託出版物＞

本書の無断複写は著作権法上での例外を除き禁じられています．複写される場合は，
そのつど事前に，出版者著作権管理機構（電話 03-5244-5088, FAX 03-5244-5089,
e-mail: info@jcopy.or.jp）の許諾を得てください．

Theodore Petrou著　黒川利明訳	
pandas クックブック —Pythonによるデータ処理のレシピ— 12242-8　C3004　　　A5判 384頁 本体4200円	データサイエンスや科学計算に必須のツールを詳説。〔内容〕基礎／必須演算／データ分析開始／部分抽出／boolean インデックス法／インデックス、アライメント／集約、フィルタ、変換／整然形式／オブジェクトの結合／時系列分析／可視化

愛媛大 十河宏行著
実践Pythonライブラリー
心理学実験プログラミング
—Python/PsychoPyによる実験作成・データ処理—
12891-8　C3341　　　A5判 192頁 本体3000円

Python(PsychoPy)で心理学実験の作成やデータ処理を実践。コツやノウハウも紹介。〔内容〕準備(プログラミングの基礎など)／実験の作成(刺激の作成、計測)／データ処理(整理、音声、画像)／付録(セットアップ、機器制御)

慶大 中妻照雄著
実践Pythonライブラリー
Pythonによる　ファイナンス入門
12894-9　C3341　　　A5判 176頁 本体2800円

初学者向けにファイナンスの基本事項を確実に押さえた上で、Pythonによる実装をプログラミングの基礎から丁寧に解説。〔内容〕金利・現在価値・内部収益率・債権分析／ポートフォリオ選択／資産運用における最適化問題／オプション価格

海洋大 久保幹雄監修　東邦大 並木 誠著
実践Pythonライブラリー
Pythonによる　数理最適化入門
12895-6　C3341　　　A5判 208頁 本体3200円

数理最適化の基本的な手法をPythonで実践しながら身に着ける。初学者にも試せるようにプログラミングの基礎から解説。〔内容〕Python概要／線形最適化／整数線形最適化問題／グラフ最適化／非線形最適化／付録:問題の難しさと計算量

愛媛大 十河宏行著
実践Pythonライブラリー
はじめてのPython & seaborn
—グラフ作成プログラミング—
12897-0　C3341　　　A5判 192頁 本体3000円

作図しながらPythonを学ぶ〔内容〕準備／いきなり棒グラフを描く／データの表現／ファイルの読み込み／ヘルプ／いろいろなグラフ／日本語表示と制御文／ファイルの実行／体裁の調整／複合的なグラフ／ファイルへの保存／データ抽出と関数

慶大 中妻照雄著
実践Pythonライブラリー
Pythonによる　ベイズ統計学入門
12898-7　C3341　　　A5判 224頁 本体3400円

ベイズ統計学を基礎から解説，Pythonで実装。マルコフ連鎖モンテカルロ法にはPyMC3を活用。〔内容〕「データの時代」におけるベイズ統計学／ベイズ統計学の基本原理／様々な確率分布／PyMC／時系列データ／マルコフ連鎖モンテカルロ法

早大 豊田秀樹著
はじめての 統計データ分析
—ベイズ的〈ポストp値時代〉の統計学—
12214-5　C3041　　　A5判 212頁 本体2600円

統計学への入門の最初からベイズ流で講義する画期的な初級テキスト。有意性検定によらない統計的推測法を高校文系程度の数学で解説〔内容〕データの記述／MCMCと正規分布／2群の差(独立・対応あり)／実験計画／比率とクロス表／他

早大 豊田秀樹編著
基礎からのベイズ統計学
ハミルトニアンモンテカルロ法による実践的入門
12212-1　C3041　　　A5判 248頁 本体3200円

高次積分にハミルトニアンモンテカルロ法(HMC)を利用した画期的初級向けテキスト。ギブズサンプリング等を用いる従来の方法より非専門家に扱いやすく、かつ従来は求められなかった確率計算も可能とする方法論による実践的入門。

早大 豊田秀樹編著
実践ベイズモデリング
—解析技法と認知モデル—
12220-6　C3014　　　A5判 224頁 本体3200円

姉妹書『基礎からのベイズ統計学』からの展開。正規分布以外の確率分布やリンク関数等の解析手法を紹介、モデルを簡明に視覚化するプレート表現を導入し、より実践的なベイズモデリングへ。分析例多数。特に心理統計への応用が充実。

前早大 森平爽一郎著
統計ライブラリー
経済・ファイナンスのためのカルマンフィルター入門
12841-3　C3341　　　A5判 232頁 本体4000円

社会科学分野への応用を目指す入門書。基本的な考え方や導出など数理を平易に解説する理論編、実証分析事例に基づくモデリング手法を解説する応用編の二部構成。経済・金融系の事例を中心にExcelを利用した実践的学習。社会人にも最適。

医学統計学研究センター 丹後俊郎著
医学統計学シリーズ 1
新版 統計学のセンス
―デザインする視点・データを見る目―
12882-6 C3341　　　　A 5 判 176頁 本体3200円

好評の旧版に加筆・アップデート。データを見る目を磨き，センスある研究の遂行を目指す〔内容〕randomness／統計学的推測の意味／研究デザイン／統計解析以前のデータを見る目／平均値の比較／頻度の比較／イベント発生迄の時間の比較

医学統計学研究センター 丹後俊郎著
医学統計学シリーズ 2
新版 統計モデル入門
12883-3 C3341　　　　A 5 判 276頁 本体4300円

好評の旧版に加筆・改訂。統計モデルの基礎について具体例を通して解説。〔内容〕トピックス／Bootstrap／モデルの比較／測定誤差のある線形モデル／一般化線形モデル／ノンパラメトリック回帰モデル／ベイズ推測／MCMC法／他

医学統計学研究センター 丹後俊郎著
医学統計学シリーズ 4
新版 メタ・アナリシス入門
―エビデンスの統合をめざす統計手法―
12760-7 C3371　　　　A 5 判 280頁 本体4600円

好評の旧版に大幅加筆。〔内容〕歴史と関連分野／基礎／手法／Heterogeneity／Publication bias／診断検査とROC曲線／外国臨床データの外挿／多変量メタ・アナリシス／ネットワーク・メタ・アナリシス／統計理論

医学統計学研究センター 丹後俊郎著
医学統計学シリーズ 5
新版 無作為化比較試験
―デザインと統計解析―
12881-9 C3341　　　　A 5 判 264頁 本体4500円

好評の旧版に加筆・改訂。〔内容〕原理／無作為割り付け／目標症例数／群内・群間変動に係わるデザイン／経時的繰り返し測定／臨床的同等性・非劣性／グループ逐次デザイン／複数のエンドポイント／ブリッジング試験／欠測データ

丹後俊郎・横山徹爾・高橋邦彦著
医学統計学シリーズ 7
空間疫学への招待
―疾病地図と疾病集積性を中心として―
12757-7 C3341　　　　A 5 判 240頁 本体4500円

「場所」の分類変数によって疾病頻度を明らかにし，当該疾病の原因を追及する手法を詳細にまとめた書。〔内容〕疫学研究の基礎／代表的な保健指標／疾病地図／疾病集積性／疾病集積性の検定／症候サーベイランス／統計ソフトウェア／付録

筑波大 尾崎幸謙・明学大 川端一光・
岡山大 山田剛史編著
Rで学ぶ マルチレベルモデル[入門編]
―基本モデルの考え方と分析―
12236-7 C3041　　　　A 5 判 212頁 本体3400円

無作為抽出した小学校からさらに無作為抽出した児童を対象とする調査など，複数のレベルをもつデータの解析に有効な統計手法の基礎的な考え方とモデル(ランダム切片モデル／ランダム傾きモデル)を理論・事例の二部構成で実践的に解説。

筑波大 尾崎幸謙・明学大 川端一光・
岡山大 山田剛史編著
Rで学ぶ マルチレベルモデル[実践編]
―Mplusによる発展的分析―
12237-4 C3041　　　　A 5 判 264頁 本体4200円

姉妹書[入門編]で扱った基本モデルからさらに展開し，一般化線形モデル，縦断データ分析モデル，構造方程式モデリングへマルチレベルモデルを適用する。学級規模と学力の関係，運動能力と生活習慣の関係など5編の分析事例を収載。

大隅　昇・鳰真紀子・井田潤治・小野裕亮訳
ウェブ調査の科学
―調査計画から分析まで―
12228-2 C3041　　　　A 5 判 372頁 本体8000円

"The Science of Web Surveys" (Oxford University Press)全訳。実験調査と実証分析にもとづいてウェブ調査の考え方，注意点，技法などを詳説。〔内容〕標本抽出とカバレッジ／無回答／測定・設計／誤差／用語集・和文文献情報

医学統計学研究センター 丹後俊郎・名大 松井茂之編
新版 医学統計学ハンドブック
12229-9 C3041　　　　A 5 判 868頁 本体20000円

全体像を俯瞰し，学べる実務家必携の書[内容]統計学的視点／データの記述／推定と検定／実験計画法／検定の多重性／線形回帰／計数データ／回帰モデル／生存時間解析／経時的繰り返し測定データ／欠測データ／多変量解析／ノンパラ／医学的有意性／サンプルサイズ設計／臨床試験／疫学研究／因果推論／メタ・アナリシス／空間疫学／衛生統計／調査／臨床検査／診断医学／オミックス／画像データ／確率と分布／標本と統計的推測／ベイズ推測／モデル評価・選択／計算統計

筑波大 佐藤忠彦著
統計解析スタンダード
マーケティングの統計モデル
12853-6 C3341　　A5判 192頁 本体3200円

効果的なマーケティングのための統計的モデリングとその活用法を解説。理論と実践をつなぐ書。分析例はRスクリプトで実行可能。〔内容〕統計モデルの基本／消費者の市場反応／消費者の選択行動／新商品の生存期間／消費者態度の形成／他

農研機構 三輪哲久著
統計解析スタンダード
実験計画法と分散分析
12854-3 C3341　　A5判 228頁 本体3600円

有効な研究開発に必須の手法である実験計画法を体系的に解説。現実的な例題、理論的な解説、解析の実行から構成。学習・実務の両面に役立つ決定版。〔内容〕実験計画法／実験の配置／一元(二元)配置実験／分割法実験／直交表実験／他

関西学院大 古澄英男著
統計解析スタンダード
ベイズ計算統計学
12856-7 C3341　　A5判 208頁 本体3400円

マルコフ連鎖モンテカルロ法の解説を中心にベイズ統計の基礎から応用まで標準的内容を丁寧に解説。〔内容〕ベイズ統計学基礎／モンテカルロ法／MCMC／ベイズモデルへの応用(線形回帰、プロビット、分位点回帰、一般化線形ほか)／他

横市大 岩崎　学著
統計解析スタンダード
統計的因果推論
12857-4 C3341　　A5判 216頁 本体3600円

医学、工学をはじめあらゆる科学研究や意思決定の基盤となる因果推論の基礎を解説。〔内容〕統計的因果推論とは／群間比較の統計数理／統計的因果推論の枠組み／傾向スコア／マッチング／層別／操作変数法／ケースコントロール研究／他

横市大 阿部貴行著
統計解析スタンダード
欠測データの統計解析
12859-8 C3341　　A5判 200頁 本体3400円

あらゆる分野の統計解析で直面する欠測データへの対処法を欠測のメカニズムも含めて基礎から解説。〔内容〕欠測データと解析の枠組み／CC解析とAC解析／尤度に基づく統計解析／多重補完法／反復測定データの統計解析／MNARの統計手法

横市大 汪　金芳著
統計解析スタンダード
一般化線形モデル
12860-4 C3341　　A5判 224頁 本体3600円

標準的理論からベイズ的拡張、応用までコンパクトに解説する入門的テキスト。多様な実データのRによる詳しい解析例を示す実践志向の書。〔内容〕概要／線形モデル／ロジスティック回帰モデル／対数線形モデル／ベイズ的拡張／事例／他

坂巻顕太郎・寒水孝司・濱崎俊光著
統計解析スタンダード
多重比較法
12862-8 C3341　　A5判 168頁 本体2900円

医学・薬学の臨床試験への適用を念頭に、群や評価項目、時点における多重性の比較分析手法を実行コードを交えて解説。〔内容〕多重性とは／多重比較の概念／多重比較の手順／仮説構造を考慮した多重比較手順／複数の評価項目の解析。

滋賀大 竹村彰通監訳
機械学習
―データを読み解くアルゴリズムの技法―
12218-3 C3034　　A5判 392頁 本体6200円

機械学習の主要なアルゴリズムを取り上げ、特徴量・タスク・モデルに着目して論理的基礎から実装までを平易に紹介。〔内容〕二値分類／教師なし学習／木モデル／ルールモデル／線形モデル／距離ベースモデル／確率モデル／特徴量／他

東工大 宮川雅巳著
シリーズ〈予測と発見の科学〉1
統計的因果推論
―回帰分析の新しい枠組み―
12781-2 C3341　　A5判 192頁 本体3400円

「因果」とは何か？データ間の相関関係から、因果関係とその効果を取り出し表現する方法を解説。〔内容〕古典的問題意識／因果推論の基礎／パス解析／有向グラフ／介入効果と識別条件／回帰モデル／条件付き介入と同時介入／グラフの復元／他

USCマーシャル校 落海　浩・神戸大 首藤信通訳
Rによる統計的学習入門
12224-4 C3041　　A5判 424頁 本体6800円

ビッグデータに活用できる統計的学習を、専門外にもわかりやすくRで実践。〔内容〕導入／統計的学習／線形回帰／分類／リサンプリング法／線形モデル選択と正則化／線形を超えて／木に基づく方法／サポートベクターマシン／教師なし学習

上記価格（税別）は 2023 年 7 月現在